JN101245

受注競争に勝つための攻めの営業手法を公開

建設業の営業担当者読本

第2版

ニッコン建設産業研究所
酒井 誠一 著

はじめに

本書「建設業の営業担当者読本」が初版を上梓したのは2008年の秋であり、奇しくもこの年に米国でリーマンショックが起こり、翌年に日本経済は大打撃を受けました。建設業界もようやくバブル後の失われた十年から回復基調にありましたが、事態は急転して厳しい状況に立たされました。

その4年後の2012年11月の衆議院解散、同年12月の総選挙による自公政権の復活以降はアベノミクス景気や東京五輪特需などに支えられ、順調に建設投資は拡大・復調していきました。2019年12月に確認された新型コロナウイルス感染症の影響も建設業界においては限定的であり、この書を執筆している2023年の夏の時点においても建設投資は堅調に推移しております。

このような業界環境の中、2008年の初版刊行以来、本書は建設業界の皆様にご好評をいただき、おかげさまでこの度新版を発行する運びとなりました。

時代が変化しても建設工事は億単位の金額が動く一大プロジェクトであり、営業はその工事請負の最前線で常に戦っています。中堅・中小建設業の営業の第一線で頑張っておられる皆様方に、少しでも能力アップにつながるヒントを得ていただきたいという、本書のコンセプトは変えずに内容を刷新しました。

今回の新版において充実させた主な内容としましては、「第１章　建設営業担当者の役割と能力要件」において、初版以来、約500名分の建設営業担当者のチェックリストから得られた回答を集計し、その平均点をベンチマークとして掲載しました。

「第３章　商談力を強化する」では、営業に求められるコミュニケーション技術、商談技術を再編集し、実務的に解説しております。

「第４章　営業力を強化する」では、受注目標達成に向けての営業活動を営業戦略、計画的な営業、プロセス管理の３つで解説しております。

「第５章　新規開拓力を強化する」では、筆者が実際に飛び込み営業を主体にした新規開拓営業を実践指導した内容を解説しております。

「第６章　営業管理職のマネジメント能力を強化する」では、営業管理職を中心とした営業チームのマネジメントと最近のＳＦＡやＣＲＭの活用、営業担当者の育成について解説しております。

なお、従来の版にありました官庁営業活動の実務、請負契約と入金の管理については紙幅の関係で今回の版では割愛しておりますのでご承知おきください。

従来の版と同様に本書をお読みいただきたいのは次のような方々です。

①新入社員または人事異動等で営業部門に配属され、これから建設営業のイロハを学びたい方
②営業職になって数年以上の経験があり、もっと自己のレベルアップを図りたいとお考えの方
③営業部門の管理職やリーダーとして部下や後輩の指導・育成を行っている方
④工事部門などで顧客とのコミュニケーション機会が多く、現場営業などの受注促進機会を増やしたい方

以上のような幅広い方々にお読みいただき、ぜひ参考にしていただければと思っております。

筆者も経営コンサルタントになる以前に、当社の営業職を15年間経験しました。営業の世界は顧客相手の非常に泥臭いところがあり、理論よりも実践が求められるところです。

しかし、建設工事の施工管理もそうですが、仕事のすべては基本を身に付けてこそ応用なり実践が伴ってきます。本書を通して読者の皆様方が建設営業の基本を身に付けられ、そして実践活動を通じて営業担当者としての能力を一歩でも二歩でも前進させていただければ、筆者としてこれ以上の喜びはありません。

２０２３年　秋

株式会社日本コンサルタントグループ
建設産業研究所
酒井 誠一

建設業の営業担当者読本
<目次>

第1章

建設営業担当者の役割と能力要件

1．建設営業担当者の役割
2．建設営業担当者に必要な能力要件
3．基本姿勢（営業担当者としての意識・心がまえ）
4．営業マナー
5．商品（製品）知識
6．顧客管理
7．商談力
8．営業のプロセス管理
9．内部コミュニケーション
10．統計データで見る営業担当者としての能力要件

1. 建設営業担当者の役割

建設企業において、営業担当者にはどのような役割があるのでしょうか。各社とも、施工部門と比較すると営業担当は決して多くはないメンバーで構成されています。

しかし営業担当者は、建設企業にとって欠かすことのできない重要な存在であることは確かです。建設企業における営業担当者の役割は、以下の通りです。

(1) 工事の受注・契約を行う機能

建設業は請負業です。最近はだいぶサービス業などに進出している建設企業も増えてきてはいますが、基本的には工事を請負い、建設物が完成し引渡しをすることの報酬として代金を受け取ることを生業（なりわい）としています。

営業担当者は、顧客[1]と商談を繰り返しながら工事を受注することで、工事請負契約を締結する機能を果たします。すなわち営業が顧客を見つけ、交渉して工事を受注・契約しなければ、建設企業の経営は成り立ちません。つまり、営業担当者の活動がない場合、工事の仕事も発生しなければ、社員の給料も出ないことになります。そのような意味で、建設企業にとって工事の受注・契約を担う営業担当者の果たすべき役割は大きいのです。

---

1. **顧客**：本書では、施主または発注者のことを表し、直接的に建設企業に施工を依頼する主体として使用する。

(2) 契約内容（顧客要求事項）を工事部門に引き継ぐ機能

営業担当者は受注・契約した工事物件について、顧客と綿密に打ち合わせを行った具体的な内容を、工事部門の担当者に正確に引き継ぐことが求められています。工事部門に正確に引き継いでいないと、工事着工後に顧客から「頼んだことができていない」「契約したものと違う」などと、クレームが発生する原因にもなります。

営業担当者は、工事契約後に顧客からの要求事項である契約内容について、具体的かつ正確に工事担当者に引き継がなければなりません。営業部門から正確で円滑な引き継ぎを行うことによって、工事部門は着工前から十分な準備が可能となり、その後の施工管理においても、顧客の要望を満たす施工を行うことができるのです。

(3) 建設市場の動向を探る機能

営業担当者は、建設市場に対する確かな洞察力を持っていなければなりません。市場とは、企業が商品（製品）やサービスを取引する場面や区分のことを指しています。営業担当者はこの市場において、積極的に営業活動を行っていきます（P.141「営業戦略　②建設市場とは何か」/第４章-２.参照）。

営業担当者は、自らの活動の場である建設市場の動向について、常に注視しながら、敏感に反応し迅速に行動することによって、受注に結び付けなければなりません。建設業界の市場環境は、常に激しく動いています。

官庁関係の建設市場であれば、例えば入札制度[1]の施策がどのように変化するかを把握しておきます。民間建設市場であれば、分譲や賃貸などのマンションのトレンドや建設技術の変化などを理解しておき、どのような建設商品が市場に求められているのかをおさえておく必要があります。

営業担当者は、このような建設市場の様々な動向を探る機能が求められているのです。

---

1. **入札制度：**工事の発注において、契約の公平性を保つために業者を募集し、入札書（見積り金額）や技術資料等により業者を決定する契約方式。

(4) 顧客と自社との橋渡しの機能

営業担当者は、顧客の担当窓口として定期的に顧客企業を訪問しています。この訪問活動の中から、顧客の置かれている状況の変化を感じ取ることが必要です。営業担当者には、顧客と自社との橋渡しの役割があるのです。顧客の状況変化を的確に把握し、それらの情報を自社の関連部門（主に工事部門）に正確に伝達することによって、より的を射た営業活動を行っていくことが求められています。

(5) 工事代金の入金管理を行う機能

営業部門は、建設工事を受注するのが最大の使命ですが、受注したらそれで終わりということではありません。受注した工事の代金を、契約通りに顧客から支払ってもらわなければならない重要な役割があります。

建築であれば、例えば工事着工時に代金の３分の１、上棟[1]に３分の１、そして完成・引渡し後に３分の１の代金をいただくという契約を交わしていたら、それが間違いなく支払われるように管理することです。

営業部門は、顧客より工事代金のすべてが確実に入金されるまでの責務を負っています。「自分は、工事の入金まではとても面倒見切れない」などということでは、建設の営業担当者としては失格です。

---

1. **上棟（式）：**建築物の建設において、無事棟が上がったことを喜び感謝する儀式。施主[2]が職人をもてなす「お祝い」でもある。
2. **施主：**建設工事を注文する人、発注者、顧客を総称して「施主（せしゅ）」と呼んでいる。

2. 建設営業担当者に必要な能力要件

建設営業担当者には、どのような能力が求められているのでしょうか。営業担当者の中には、高い業績を上げる人と低い業績の人がいますが、この格差はどこにあるのでしょうか。一言で"能力の違い"と論じれば答えは早いのですが、高業績の人と低業績の人では、営業としての基本的な姿勢や行動にも大きな差があるものと思われます。

コンピテンシー（Competency）という言葉があります。これは力量（Competence）にcy（性質、状態）を付け加えた言葉で、直訳すれば「有能な状態」を表しています。

つまり、コンピテンシーとは「持てる能力を発揮して、常に組織の期待する成果や職務を遂行し続ける行動特性」と言えます。このコンピテンシーは、まさに建設営業担当者だけでなく、すべての業種のすべての営業担当者に求められる資質でしょう。

以下に建設営業担当者に求められる能力要件や行動特性を具体的にあげます。ここにあげる能力要件の7要素をバランスよく持っていることが、高業績を上げる営業担当者と考えられます。

●建設営業担当者に求められる7つの能力要件

①基本姿勢（営業担当者としての意識・心がまえ）

営業としての心がまえや基本姿勢が確立している。

②営業マナー

顧客に対する基本的なマナーを徹底することで"顧客に好かれる営業担当者"となる。

③商品（製品）知識

自社商品（製品）のセリングポイントを的確に説明でき、技術的な面及び営業に関連した顧客からの疑問や質問にも明確に回答できている。

④顧客管理

受注目標を達成するための顧客に対する営業アプローチが綿密にイメージされ、既存顧客の管理を適切に行うことにより継続受注につながっており、並行して新規顧客の開拓・育成が計画的に行われている。

⑤商談力

顧客ニーズを正確に捉えて顧客に対する"自社のお役立ち"をわかりやすく提案することにより、受注成約率を高めている。

⑥営業プロセス管理

工事見込案件をランクアップし、受注に結び付けるための営業段階での手立てを的確に打ち、成果につなげている。

⑦内部コミュニケーション

受注するために社内の支援体制の確立と密接な社内コミュニケーションを図り、より有効な営業活動を仕掛けている。

この後、順に能力要件の解説を行います。

3. 基本姿勢（営業担当者としての意識・心がまえ）

営業担当者は、どのような意識や心がまえを持って営業活動に臨むべきでしょうか。この項では、その考え方についていくつかあげてみましょう。

(1) 営業は受注を決めてくることが仕事

営業の仕事は工事の受注を決めてくることです。ごく当たり前のことですが、筆者が普段から感じていることは、この当たり前のことがきちんと認識できていない営業担当者が、現実に存在しているということです。

筆者がゼネコンの営業コンサルティングなどで訪問した際、受注目標に届かないにもかかわらず、自ら何かを変えよう、動こうとしない営業担当者を少なからず見かけます。決して、営業活動をさぼっている訳でもなく、むしろ真面目な社員の方が多いのですが、結果として受動的で何も策を講じていないのです。

受注を決めることを本当に真剣に考えていれば、いろいろな対策やアイデアも浮かんでくるでしょうし、前向きな気持ちで日々の営業活動に能動的に励めば、受注につながるキッカケもつかめるはずです。まずは「受注」に対してアグレッシブ（積極的）でなくてはなりません。

(2) 数値に対する強い執念を持つ

企業によって、受注目標の設定の仕方は異なります。営業担当者個々人に受注目標を提示している企業もあれば、個人には課さずに部や課レベルで受注目標を設定している企業もあります。

いずれにしても、営業の実績は数値がすべてです。営業担当者１人ひとりにおいては、受注目標の数値は達成することが当たり前という認識を持ち、そのためにはどのような意識・心がまえを持って、具体的にどのような活動をすればよいのかを知恵と身体を使って考え、日々の活動に全力投球しなければならないのです。

しかし、人によっては「この数値は上から押し付けられた形式的な目標なので、自分には直接関係ない」、あるいは「目標数値は知ってはいるが、やってみてダメならしょうがない」などという他人事として受け止めている人がいます。

また、「役所の補正予算が付けば何とかなるのだが…」「あそこの顧客が早く決定してくれれば…」などという神頼みのような気持ちでいる人も、中にはいるのです。

営業担当者は常に受注目標を念頭に置き、「何が何でも目標を達成するぞ！」という目標数値に対する強い執念を持って営業活動に邁進することが大切です。

営業という仕事は面白いもので、「何としても目標を達成しよう」あるいは「石にかじり付いても受注してみせるぞ」などという強い執念を持ちながら、前向きな思考で行動を起こせば運が向いてくるものです。

運を味方に付けることは、受注目標への強い執念を持ち続ける者にしか与えられないのです。

(3) 悪い原因を他に転嫁しない

成績の悪い営業担当者からよく聞く言葉ですが、「自社の積算では競争入札は取れない」とか「今期は担当顧客の方で目ぼしい案件が無いので、受注目標達成は厳しい」などと嘆いている人がいます。なぜ、このような後ろ向きの発言が出てくるのでしょうか。それは、自分自身の受注目標が達成できない原因を、何か他のことに転嫁して責任逃れや言い訳としたいためだと思われます。

確かに建設営業においては、営業担当者の個々の能力や努力だけでは受注に至らない要素が多いのも事実です。しかし、原因をいつまでも他に求めたり責任を転嫁していても、受注目標が達成できるわけではありません。

例えば価格が合わないというのであれば、いかにして顧客に受け入れてもらえるだけのコスト水準にできるかを、施工部門と徹底して議論すればよいのです。営業が受注に至らなければ、他の部門も仕事が発生しないわけですから、それでよいと思ってはいないはずです。良い意味で施工部門など他の部門をうまく巻き込んで、受注のための方策や戦術を皆で検討するのです。

そのためには、営業担当者自身が常に受注目標達成に向けての執念を持って、自分自身のこととして積極的な姿勢で努力を積み重ねることです。

(4) 顧客からの信用・信頼関係が第一

営業は顧客から信用され強い信頼関係を築いていなければ、仕事につながっていきません。このように言うと「いやウチは、いつも顧客から信頼されているから…」とか「今までも顧客からの信用を一番でやってきた」とあなたは答えるかもしれません。

しかし、それはあくまでも「会社」対「会社」（顧客が個人であれば「個人」対「会社」）で信用を得ていたり、「会社同士」の信頼関係であったりで、顧客が直接あなたのことを信用し、本当の「個人」と「個人」の信頼関係が築かれているとは限らないからです。

例えば単純なことですが、あなたは顧客と午前 10 時に会う約束をした時に、必ず10時ちょうどに訪問していますか。「なんだ、その程度の話か」と思わないで欲しいのです。あなたは毎回遅れずに顧客との約束に時間通り訪問していますか。仮に5分でも遅れれば遅刻です。営業担当者からすれば「たかが5分、たかが10分」と思うかもしれませんが、相手にとっては、決して「たかが5分、たかが10分」ではないのです。

営業担当者は、自分を中心に考えてはいけないのです。すべての軸は顧客を中心に、顧客の立場で考えるべきなのです。

顧客との面談時間のことだけではありません。見積書・提案書、資料などの提出期限、顧客からの要望に対する返答の約束（期限）などは、たとえ様々な理由があっても、何としても顧客の要望した日時に合わせることが大切なのです。このような日常の1つひとつの約束の期限をきっちり守ることが、顧客との信頼関係を築いていくことにつながるのです。

(5) 常に心・技・体のコンディションを保つ

営業の仕事はある意味で、自分との戦いという面があります。一歩会社の外に出れば、コーヒーショップで休憩していても、パチンコ店やゲームコーナーで時間をつぶしていても、誰も監視をしているわけではないので、文句を言われることはありません。だからこそ、営業担当者はセルフコントロールが求められるのです。

自分の中の弱い心に打ち勝ち、常に受注目標数値を達成しようとする強い意志があれば、ムダな時間を費やしたり逃げ出したりはしないはずです。仮に時間調整や休息のためにコーヒーショップに入っていたとしても、前向きな気持ちがあれば、そこでコーヒーを飲みながらでも資料に目を通したり、真剣に顧客対策を検討したり、今後の戦略を練ったりするはずです。

また、数値目標を意識した前向きな思考を維持・展開するためには、普段からの体調管理も大事なことです。どんなに前向きな気持ちを持ってがんばろうと思っても、身体の調子がすぐれないと本来の知恵やパワーが発揮できません。日常生活における睡眠や食生活には気を配り、次の日の仕事に影響する深酒や過度なスポーツは控えることも必要でしょう。

営業担当者は、常に心・技・体を健全な状態に保ち、日々の営業活動に全力で取り組むための環境を整えておかなければなりません。

最後に、基本姿勢に関するチェックリストを示しておきます。

この後、「4.営業マナー」～「9.内部コミュニケーション」までの各最終頁にも「建設営業担当者に求められる7つの能力要件」のチェックリストを掲載しています。各チェックリストに順次、点数を記入していただき、それらの各合計得点をP.54「営業担当者としてのチェックリスト・集計表」に記入し、自らを振り返ってみてください。

＜1基本姿勢に関する営業担当者としてのチェックリスト＞

◎下記チェックリストに基づき、常日頃の自分の営業活動を振り返ってみよう。

	営業担当者としてのチェック項目	点数（1～4）
1	日々、受注目標達成を意識して行動している。	
2	営業部門や個人の受注目標数値や過去・現在の実績などの数値は常に忘れず、念頭に置いている。	
3	組織の一員としての自覚を持ち、周りと協調しながら仕事を進めている。	
4	困難な状況になっても前向きな気持ちを忘れずに、問題解決に邁進している。	
5	体調管理に気をつけ、常にパワー全開で仕事に精を出している。	
6	会社や自社の商品・技術に誇りと自信を持って営業を行っている。	
7	顧客の前ではいつも分別をわきまえて、適度な緊張感を持って接している。	
8	訪問時間、資料提出期限などの顧客との約束はどんなことがあっても守るようにしている。	
9	上司・先輩や顧客などから、常に学びとる姿勢で努力を惜しまないでいる。	
10	営業活動の障害を他の問題（業界環境、顧客、価格等）に責任転嫁せず、自分自身の問題と捉えて前向きに取り組んでいる。	
合　計　得　点		40点

●各設問項目に対して下の基準を目安に採点をし、空欄に点数を記入してください。

○完全にできている ……………… 4　○あまりできていない ………… 2
○大体できている ………………… 3　○ほとんどできていない ……… 1

4. 営業マナー

どのような業種においても､営業は原則的に人に会うことが仕事です。人とは､もちろん顧客のことです。営業担当者による顧客とのコミュニケーションの取り方によって、商談がうまく運び工事案件を受注・契約することもあれば、顧客との意思の疎通がうまく図れずに、せっかく案件があっても、失注することもあります。顧客とのコミュニケーションによる関係の成否を決定付ける第一歩は､「営業マナー」の良し悪しです。ここでは、営業マナーの重要性について述べてみます。

(1) 会社を代表している営業担当者

建設営業は、施主または発注者と呼ばれる顧客に会うことがスタートです。

大切なことは、営業担当者は常に会社を代表して顧客と面談しているということです。基本的な営業マナーができていない営業担当者がいれば、顧客から「あの会社の営業は基本的なマナーも知らない」「常識のない会社だ」と営業担当者の質の低さを疑われるだけでなく、会社のイメージまで落としてしまいます。

顧客に最初からこのような印象を持たれると、マイナスイメージからのスタートとなってしまい、良好なコミュニケーションが図れず、具体的な商談にも悪い影響を与えることになります。

営業担当者は、会社の代表として恥ずかしくない営業マナーを身に付け、顧客と良好なコミュニケーションを築くことが大切です。

(2) 営業マナーは顧客に好かれる要因

営業担当者は、当然のことですが顧客に好かれることが必要です。

顧客に嫌われるようでは、営業失格です。顧客に嫌われてしまえば会ってもらえなくなり、十分な交渉ができなくなって営業活動が成立しません。

顧客に嫌われないためには、まず最低限の基本的な営業マナーを身に付けることが大切です。営業マナーは、顧客に対する面談アポイントメントの電話応対や身だしなみから始まります。また、訪問時におけるおじぎ・あいさつの仕方、あるいは名刺交換、言葉づかいなどがきちんとできることです。これらが正しくできれば、顧客に好かれる要因となります。

(3) 好印象を持たれる工夫を

営業担当者が、きちんとした服装やさわやかな笑顔、キビキビとした行動、正しい言葉づかいなどで顧客に接していれば、好印象を持ってもらえる可能性は高まります。しかし逆に、くたびれた服装でやる気のないような表情や態度、乱暴な言葉づかいで訪問したら、顧客はどう思うでしょうか。決して良い印象を持ってはもらえないでしょう。

営業担当者は、常に顧客から好印象を持たれるような工夫をすることが大切です。そのためには、普段からきちんとした頭髪や服装に気を遣い、感じの良い自然な笑顔や表情で、相手を敬う言葉づかいや態度ができるようにしましょう（具体的な「営業マナー」については、第２章で詳しく解説します）。

あなたの普段の営業マナーについて、次頁のチェックリストで振り返ってみましょう。すべての項目が４点となることが基本です。

＜2営業マナーに関する営業担当者としてのチェックリスト＞

◎下記チェックリストに基づき、常日頃の自分の営業活動を振り返ってみよう。

	営業担当者としてのチェック項目	点数（1～4）
1	（頭髪、服装など）常にきちんとした身だしなみを心がけている。	
2	顧客に対し、常に気持ちの良い笑顔で接している。	
3	言葉づかいは、誰に対しても相手を敬う丁寧な言動をしている。	
4	顧客訪問時のお辞儀は、基本に忠実で相手に好印象を与えるものとなっている。	
5	顧客先において、直接の担当者以外の社員や受付の人に対してもあいさつを心がけている。	
6	顧客との商談中は携帯電話の電源を切り、顧客に断りなしにタバコを吸ったりしないように心がけている。	
7	親しい間柄の顧客でも、なれなれしい態度を取らずに礼儀をわきまえている。	
8	客先に訪問し応接室に通されたら、顧客の姿が見えるまで立って待つか、もしくは顧客の姿が見えたらすぐに立てるような姿勢で待っている。	
9	電話をかける時には、相手の都合を配慮して会話するようにしている。	
10	名刺交換、敬語、席次などの基本的なビジネスマナーを熟知して行動している。	
	合　計　得　点	40点

●各設問項目に対して下の基準を目安に採点をし、空欄に点数を記入してください。

○完全にできている ……………… 4　○あまりできていない ………… 2
○大体できている ………………… 3　○ほとんどできていない ……… 1

チェックリストの合計得点をP.54「営業担当者としてのチェックリスト・集計表」に転記しましょう。

5. 商品（製品）知識

どのような業種の営業においても、自社商品（製品）を熟知しておくことは、必須条件です。建設業において、"商品"という言葉はあまり用いられませんが、この場合の商品とは主に建設工事物件を指し、ISO9001[1]では建築物や土木構造物などと呼ばれる製品そのものを指します。

建設営業の担当者にとっての商品知識とは、具体的には下記、後述するような「商品（製品）に関する知識」、「商品関連・周辺知識」、そして「顧客に関する知識」を指しています。

営業担当者の中には過去に工事現場などを経験した技術系（建築科や土木科などの理系の学科出身）の営業もいれば、事務系（文系の学科出身）の営業の人もいます。たとえ事務系の営業担当者であっても、顧客からの技術的な質問に対して十分に対応できる知識を身に付けていなくては、営業の仕事をこなしていけません。

建設業の営業は、ビルや橋などの大規模な商品も多く、中には数十億円単位の取引になるケースの商談も発生してきます。顧客は、営業担当者を商品や技術のプロ（専門家）として接して、具体的な問い合わせをしてきます。

営業担当者は、幅広い知識や情報を駆使して、専門の技術的な交渉を行うことも予想されます。また、これらの知識・技術は過去のものではなく、まさに最新の情報で顧客と交渉し、説得して受注・契約に至る商談を行わなければなりません。

そのためには、常に向上心を持って幅広い知識や新しい技術を習得し、自分自身の能力のレベルアップを図っていく必要があります。

特に自社商品の説明や交渉においては、十分な知識と専門技術に裏打ちされた、プロとしての意識を持って交渉に臨まなければなりません。また、事前に自社の商品と他社の商品とを比較して、自社商品が他社商品より優れている点を熟知しておき、顧客に対していつでも説明できるように準備しておくことが大切です。

---

1. **ISO 9001**：ISOは、国際的に通用する規格や標準を制定する国際標準規格のことで、ISO9001は顧客満足のための品質マネジメントシステムのこと。

(1) 商品（製品）に関する知識

まず、自社の商品（製品）に関する十分な知識を持っていなければ、まともな営業活動は行えません。建築であればマンションや事務所・ビルなどに関する建物の知識、土木であれば舗装や下水道などの個別工事物件（工種）についての知識です。

営業担当者がおさえておくべき商品（製品）知識は具体的には次のようなものがあげられます。

①自社商品の知識

顧客の事務所や工場の新築、建て替えなどについて相談に応じる際に過去の施工実績も含めた説明が求められます。図面ができている場合には、顧客に対して図面を使った内容説明も求められます。

また、建築予定地での用途地域や建ぺい率、容積率などを調べ、そもそも建物を建築できるのか否か、建てられるのであればどの程度の建物が建つのかもおさえておく必要があります。

②概算積算の知識

顧客から、まだ建築工事が構想段階の時に「この敷地に平屋で倉庫を建てたら、いくらぐらいになるのでしょうか」と、おおよその建設価格の質問を受ける場合があります。この時に「大体、坪単価で○○万円から○○万円の間くらいです」などと、おおよそでもその場で受け答えができた方が顧客からの信頼感が増します（ただし、その場でいい加減な回答をすると、かえって不信感を招くので要注意）。

もちろん、建物の構造やグレードによって、金額も様々ですし、営業は必ずしも積算のプロとは限らないので、その場で回答できなければ、改めて社内で積算担当者と内容を検討してからの回答でもよいのです。ただ、常日頃から自社で手掛けた物件の建築価格がどのくらいの価格であったかは頭に入れておくことが重要です。

③工事施工の知識

工事施工に関する技術的な知識についてすべてを熟知していなくても、技術的な話は何でも工事担当者に聞かないとわからないというより、ある程度は営業が受け答えできた方が顧客とのコミュニケーションがスムーズに行えます。

そのためには工事施工期間中の定例会議などに同席するなどして、工事施工の知識を広げていくことが必要です。

(2) 商品関連・周辺知識

商品知識としては、上記の自社商品知識だけでなく関連のある周辺の知識も必要となってきます。例えば、賃貸マンションを提案する場合は、自社商品であるマンションの知識はもとより、施主である地主に対してコンサルティング営業[1]を行えるようにしておく必要があります。

土地・建物に関連する法律知識（建築基準法など）や固定資産税や相続税などの税務知識、賃貸住宅として永続的に入居者が付くようにするための不動産の知識、事業化のための借り入れや証券化などの金融の知識、あるいは地主が賃貸事業として収益を上げられるかどうかの採算を分析するための事業収支計算の知識など、幅広い関連・周辺知識の習得が求められています。

1. **コンサルティング営業：**顧客の要望や困りごとに対し、誠実に相談にのり、諸問題を解決しながら顧客の利益につながる方向付けを行う営業活動のこと。

(3) 顧客に関する知識

次に、顧客についての知識を十分に持っておくことが大切です。顧客のことをよく知ることによって、自社商品とマッチング（組み合わせ）させた提案など、交渉の幅を広げることができます。これらのことで営業活動の深耕が図られ、他社と異なった提案や斬新な提案へと展開していく可能性も出てきます。詳しくまとめると、次の①～④のような点になります。

①顧客の事業内容や業界特性

顧客の事業内容とその業界特性について、よく研究しておきます。顧客企業が製造業であれば、自動車関連、造船、電機、食品などの業種・業態ごとに理解しておき、さらに顧客企業の業界の現況や動向について、あるいは競合他社（海外も含む）などをあらかじめ把握しておきます。

②顧客の組織・体制

顧客の組織・体制についても、よく理解しておく必要があります。特に法人顧客の場合、窓口担当者は１人だけではありません。同一部署の上司・先輩や他部門の担当者、あるいはその企業の役員などの幹部についても把握しておきます。

面談者を１人の窓口担当者に限定して交渉をしていくと、何らかの問題が起きた時、上司や他部門から横槍が入ったりして、交渉が頓挫（とんざ）したり競合他社に仕事を取られたりすることも考えられます。営業担当者は、その企業の組織事情をふまえて可能な限り複数の担当者と面識を持ち、建設業者選定に影響力を持つ人物（キーマン）や担当部署をつかんでおき、磐石な形で交渉し受注に向けて精力を傾けていきます。

ただし、この場合に注意しなければならないことは、窓口担当者の心証を害さないような気配りをしながら行うことです。担当者を飛び越えて、他部門や上司と接触することを嫌う人もいるからです。

③顧客の事業所・施設

筆者が営業コンサルティングを行った建設企業・A社でのことですが、関東の建設企業でありながら、顧客・B社の九州の工場建設を受注した例がありました。このA社では、B社の工場建設に長く関わり、工場の生産ラインなどを十分に熟知していましたので、B社からの要望にはまさに「ツーと言えばカー」というような、親密な関係を築いていたのです。

そのため、B社が九州に工場進出する際に、仮に九州の地元業者に依頼するとなると１から10まですべての説明をしなければならないため煩雑でもあり、九州の業者に自社の要望を100％汲んだ建物ができるかどうか、疑問に感じていたこともありました。B社にとっては、多少割高であっても自社の工場をよく知ってくれているA社に依頼したほうが余計な神経を使わなくて済むという判断もあり、A社が九州の案件を受注するに至ったわけです。このように、顧客企業の事業所や施設を熟知しているということが、競合他社との戦いに勝つための大きな武器となってくるのです。

④顧客の顧客

「顧客の顧客」を知っておくということも、非常に大切なことです。顧客の顧客とは、すなわちエンドユーザーとしての最終顧客のことです。例えば賃貸マンションやアパートであれば、借主の住民のことを指しています。小売店であれば買い物客のこと、学校であれば生徒、官庁であれば市民が顧客の顧客ということになります。
顧客の顧客をよく知っておくことのメリットは、直接の顧客である施主や発注者にとっては非常に関心の高いテーマにつなげられることです。「あなたのお客様は、実はこのようなことを望んでいます」と言われれば、顧客としては、無関心でいられるはずはないのです。興味を抱いて耳を傾け、「そういうことなら、よく検討してみよう」という気になってくるものです。

次のチェックリストで振り返ってみましょう。

＜3商品知識に関する営業担当者としてのチェックリスト＞

◎下記チェックリストに基づき、常日頃の自分の営業活動を振り返ってみよう。

	営業担当者としてのチェック項目	点数（1〜4）
1	顧客に応じた自社商品の的確な説明ができている。	
2	顧客からの技術的な質問に対して、営業現場で即応できている。	
3	顧客からの見積依頼に対して、おおよその積算金額の検討を行うことができる。	
4	商品知識や営業関連知識（不動産、法律、金融、税務等）を広げるための機会（技術部門との交流、講習会への参加等）を積極的につくっている。	
5	顧客からの様々な相談事に適切に対応できるだけの商品知識や営業関連知識を有している。	
6	競合他社の情報を把握し、自社商品との差別化のポイントを訴求できている。	
7	常に外部（他社、業界）の技術情報などに興味を持ち、顧客の求める商品の拡充を図ろうとしている。	
8	顧客の利益となり、満足度を高める最適な提案を行うための十分な知識を持っている。	
9	顧客の事業内容、事業所·施設、顧客の業界、顧客の顧客（エンドユーザー等）について幅広く理解·把握しようとしている。	
10	入札や契約に必要な事項を熟知し、モレのない手続きを行っている。	
	合　計　得　点	40点

●各設問項目に対して下の基準を目安に採点をし、空欄に点数を記入してください。

○完全にできている　……………　4　　○あまりできていない　…………　2
○大体できている　………………　3　　○ほとんどできていない　………　1

チェックリストの合計得点をP.54「営業担当者としてのチェックリスト・集計表」に転記しましょう。

6. 顧客管理

建設営業担当者は、顧客担当窓口として活動しているため、常日頃から顧客とのパイプづくりに努めることが大切です。企業同士だけでなく、担当者レベルの良好な人間関係を保つとともに、永続的な取引関係を維持・継続させるためには、顧客の現在の状況や競合他社の動きにも注意を向けなければなりません。

(1) ターゲット顧客の明確化

皆様の会社では「ターゲット顧客」を決めていますか。もしくは「ターゲット顧客リスト」を作成していますか。筆者は建設営業の研修やコンサルティングの際には、必ずこのことについて営業担当者に質問して確認しています。質問に対する回答は企業によりまちまちで、「リストの類はあるが整理できていない」とか、中には「お中元・お歳暮の送付先リストがそれです」と答える企業もあります。

「ターゲット顧客」とは建設企業が受注目標を達成するために工事受注の源泉として管理している顧客であり、その顧客を明記したリストが「ターゲット顧客リスト」です。

ターゲット顧客と呼ぶからには、何らかの基準で重要度に応じて優先順位が区分され、営業部内で誰でも顧客の過去実績や商談状況が見える状態とすることが望ましいです。

(2) 顧客管理の区分

①取引実績による区分

顧客管理においては、まずは顧客を取引実績に応じて区分してみましょう。大きくは既存顧客（現在取引を行っている顧客）と旧客（過去に取引実績があるが、昨今は取引実績のない顧客。休眠客とも言う）、新規顧客（これから取引を開始する予定、または今後取引の窓口を開きたい顧客）の３つに分けてリスト化し、ターゲットとする顧客を明確にします。

②顧客の重要度に応じた区分

次に顧客の重要度に応じたランク付けによる区分を行います。この区分方法については、例えば過去の取引実績や今後の受注可能性などによりランクを分けます。この区分によってランクごとに訪問頻度（週単位、月単位で訪問すべき回数など）や営業活動の仕方を変えていきます。

(3) 既存顧客の管理活動

既存顧客の管理活動については、法人顧客の場合、複数の担当窓口が存在するケースが多く、営業担当者は各窓口をこまめに万遍なく訪問するとともに、一方ではさらなる新しい窓口開拓を行います。

その間、異動や退社などの情報についても漏らさずに確認し、常に正確に把握しておき、担当者の変更時においては、タイミングの良いあいさつや引き継ぎを行います。

特に顧客企業のキーマンに当たる人に対しては、定期的に自社の役員などの上席者と表敬訪問を行うなどして、より強固な関係を築いていきます。

また工事完成後においても、アフターセールスとして定期的に訪問し、新たな受注に向けて管理活動を行います。定期的なメンテナンス活動を行っている場合は、メンテナンス担当者とともに顧客先を訪問し、引渡し後の物件の状況を一緒に把握しておき、緊密な関係を維持していきます。メンテナンス活動は旧客に対する営業活動としても有効です。

(4) 新規顧客の開拓

新規顧客については、思いつきや気まぐれではなく計画的な開拓活動を行う必要があります。営業担当者からはよく、「新規顧客を開拓する必要性は感じるが、既存顧客からの工事見込案件の受注活動で忙しく、なかなか新規開拓活動まで手が回らない」という声を聞きます。

しかし、「蒔かぬ種は生えぬ」の言葉通り、新たな工事見込案件の発掘の観点から、新規顧客の開拓は重要であり、計画的に確実に行っていくことが大切です。

工事見込案件を追いかけ、確実に受注にもっていく活動も当然大切ですが、それと並行して、新規開拓活動を活動計画の中に織り込み、バランスの良い新規顧客訪問を心がける必要があります。

(5) 迅速な対応が大切

「クイックレスポンス」という言葉があります。顧客は、工事の見積り依頼や各種相談事項、問い合わせ事項など、いろいろな依頼事項に対して、営業担当者の素早い対応を期待しているものです。引き合いなどが発生した場合は、営業担当者は顧客からの要望や条件などを正確に聴き取り、積算部門に素早く伝達し、顧客と約束した提出日・提出時間までに必ず見積書を作成し、直接持参します。

また、迅速な対応を行うことについては、クレームなどが発生した場合にも同様です。仮にクレームが発生した場合は、内容が施工上の問題であっても、営業担当者はまず丁重にお詫びするとともに、その状況をきちんと把握し、顧客と工事部門との間に入って調整をします。できるだけ顧客の納得のいく解決策を模索し、速やかに対応を図ることが大切です。

(6) 顧客関係のステップ

新規顧客を開拓し重要顧客として育てていくには、現在の顧客との関係を評価して行動することが役立ちます。

次の表は顧客との関係を８つのステップに分け、浅い１の段階から深い８の段階に整理したものです。顧客との関係が前述のターゲット顧客ごとに１から８のどの段階にあるのか、どうすればより深い段階にステップアップできるのかを検討してみましょう。

＜顧客関係のステップ８＞

ステップ	評価基準
1．初回アプローチ	○再訪問のキッカケを作っているか　○顧客に好印象を与えているか
2．継続訪問活動	○常にアポイントメントが取れる関係となっているか （顧客に「会いたい」と思わせる関係） ○顧客の役に立つ情報提供ができているか
3．案件開発	○顕在ニーズに対する促進（現地調査・提案・見積り提出） ができているか ○潜在ニーズの顕在化（提案）により顧客が検討を始めたか
4．初回取引 （口座開設）	○顧客から工事やメンテナンス等の仕事を受注できたか （金額の大小問わず） ○工事施工等を通じて顧客に対する自社への満足度を高めることができたか ○次の見込み案件の話に継続できているか
5．継続取引	○顧客から定期的な工事受注が取れているか ○継続的に見込み案件の相談がきているか
6．顧客深耕	○顧客の担当者やキーマンと常に最新の顧客情報を入手できる関係づくりができているか ○常に顧客ニーズを先取りした提案ができているか
7．特命工事、 戦略商品の受注	○自社が売りたい（売るべき）商品を受注したか ○受注経緯が価格以外の要素を加味したものとなっていたか ○顧客との関係性により特命工事での受注ができたか
8．有力固定客 （ロイヤルカスタマー）化	○1～7の基準をすべて満たしているか ○担当者やキーマンが変わっても自社との関係に影響がない状態に構築できているか

※１～４は新規客、５～８は既存客が対象です

※Ａ～Ｃの３ランクで評価します
　Ａ：評価基準を十分に満たし、次の段階にすすむ取り組みが可能
　Ｂ：ある程度評価基準を満たしているが、次の段階に上がるために努力が必要
　Ｃ：評価基準を満たしていない。前の段階にもどる可能性がある

顧客の情報は下記の顧客管理台帳を作成して管理します。同時に人脈体系図を作成しておくと後で役立ちます。

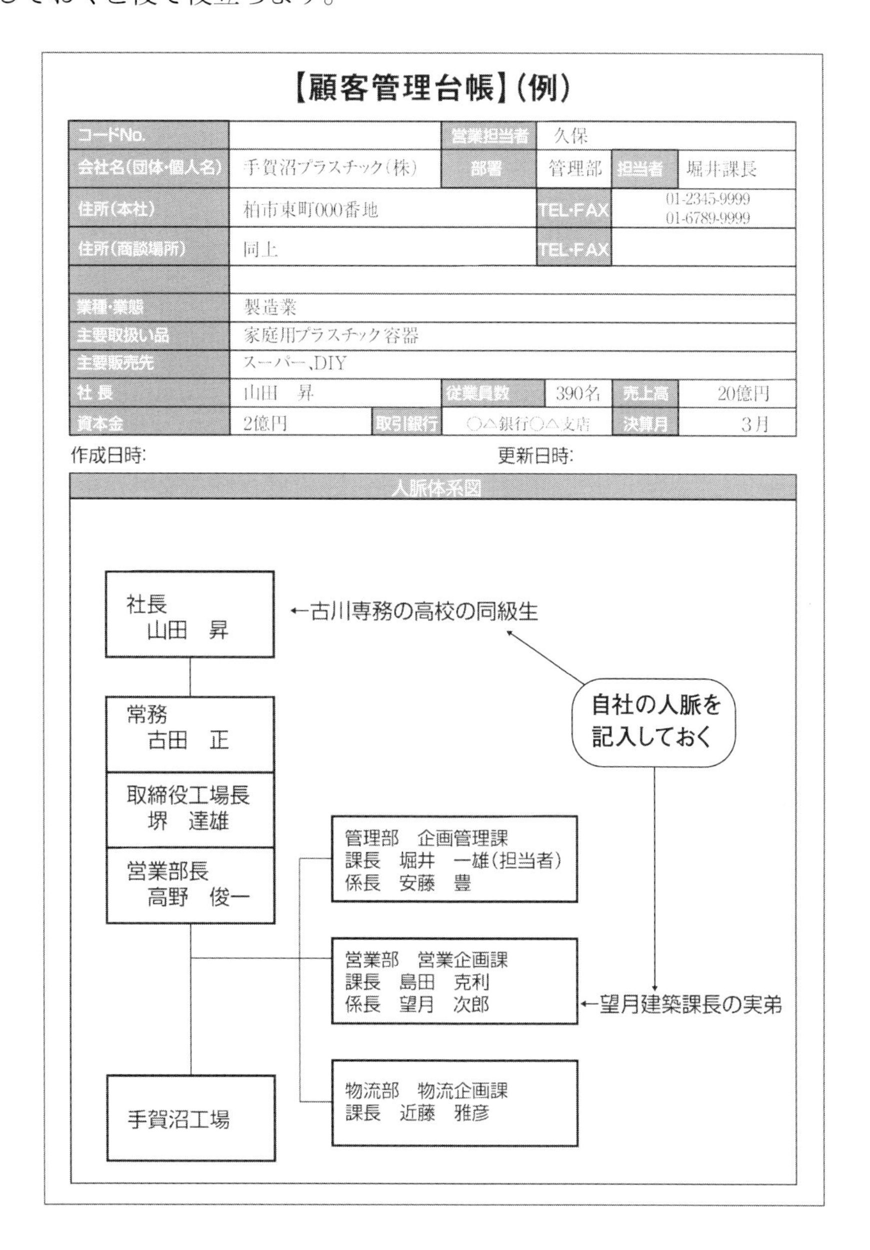

【顧客管理台帳】(例)

コードNo.		営業担当者	久保		
会社名(団体・個人名)	手賀沼プラスチック(株)	部署	管理部	担当者	堀井課長
住所(本社)	柏市東町000番地		TEL・FAX	01-2345-9999 01-6789-9999	
住所(商談場所)	同上		TEL・FAX		
業種・業態	製造業				
主要取扱い品	家庭用プラスチック容器				
主要販売先	スーパー、DIY				
社 長	山田　昇	従業員数	390名	売上高	20億円
資本金	2億円	取引銀行	○△銀行○△支店	決算月	3月

作成日時:　　　　更新日時:

人脈体系図

社長　山田　昇　←古川専務の高校の同級生

常務　古田　正

取締役工場長　堺　達雄

営業部長　高野　俊一

手賀沼工場

管理部　企画管理課
課長　堀井　一雄(担当者)
係長　安藤　豊

営業部　営業企画課
課長　島田　克利
係長　望月　次郎　←望月建築課長の実弟

物流部　物流企画課
課長　近藤　雅彦

自社の人脈を記入しておく

次のチェックリストで振り返ってみましょう。

＜4 顧客管理に関する営業担当者としてのチェックリスト＞

◎下記チェックリストに基づき、常日頃の自分の営業活動を振り返ってみよう。

	営業担当者としてのチェック項目	点数（1～4）
1	担当市場を既存顧客と新規顧客に分類し、モレなくリストアップし、アプローチしている。	
2	新規開拓すべき顧客の目標（件数等）や活動基準（訪問の質・量）を決めて、能動的に開拓活動を行っている。	
3	顧客ごとに取引実績や今後の発注可能性、利益率などを考慮した区分や優先順位を付けて訪問している。	
4	見込みの出ている工事案件の商談ばかりでなく、今後の見込み発掘のための営業活動をバランスよく行っている。	
5	法人企業の顧客に対して、複数の担当者や窓口を開拓し、幅広く情報を入手したり、キーマンに対する働きかけを行ったりしている。	
6	タイミング良く上席者を伴った顧客訪問を行っている。	
7	顧客との商談内容や進捗状況を自分だけでなく、上司や他の営業メンバーにもわかる状態にしており、異動の際の引き継ぎが容易である。	
8	受注後のアフターセールスにも注力している。	
9	顧客からの苦情や不満については、事の大小を問わず、迅速かつ適切に誠意を持った対応を行い、信頼回復につなげている。	
10	顧客とは、仕事を越えた付き合いや人間関係を大事にしている。	
	合　計　得　点	／40点

●各設問項目に対して下の基準を目安に採点をし、空欄に点数を記入してください。

○完全にできている …………… 4　　○あまりできていない ………… 2
○大体できている ……………… 3　　○ほとんどできていない ……… 1

チェックリストの合計得点を P.54「営業担当者としてのチェックリスト・集計表」に転記しましょう。

7. 商談力

営業担当者は人（顧客）に会い、工事を受注するのが仕事です。建設業といえども、商談力が営業担当者に問われるのは言うまでもありません。

商談を実のあるものにしていくためには、顧客との商談を通して建設動機を確認し、工事受注締結に向けた折衝ができなくてはいけません。これはすなわち顧客ニーズを察知したり、喚起していく能力に他なりません（P.137「営業力を強化する」/第 4 章 参照）。

(1) 顧客の購買動機の理解

読者の皆様は、顧客がどのような動機であなたの会社に工事発注を依頼してきたのか考えたことがありますか。

「過去から当社と取引実績があるから」とか「設計会社や金融機関から紹介を受けたから」などは、顧客の側からすると建設企業の選定動機であって購買動機ではありません。

購買動機は、顧客が建設企業に建設工事を発注するに至った理由や動機のことを指します。

例えば、建物の外壁や屋根・屋上の塗装や防水工事を発注した顧客はどのような動機から工事を発注したのでしょう。恐らくは、「雨漏りや壁のクラックなどにより不具合を感じたから」ということがあげられますし、賃貸マンションやビルのオーナー顧客の場合には「建物の美観を維持することで、満室の状態を維持したい」ということもあるかもしれません。

購買動機を知ることは、商談を進展させていく上で重要なポイントとなります。そして、購買動機を知ることは、顧客ニーズを知ることと深い関係があります。

(2) 顧客ニーズとは

建設業が様々な問題を内在しながら事業経営を行っているのと同じように、各顧客企業においても事の大小はありますが、あらゆる問題をはらんで事業経営を行っているはずです。

このように、顧客が事業活動において満たされない不満な状態を認識し、「何とかならないか」と欠乏感を持つことを「ニーズ」と呼びます。建設業は、これらの顧客が抱くニーズに対して、建設工事物件（商品）を提供することでニーズを満たし充足させています。このようなニーズを充足させるために欲しい商品や手段のことを「ウォンツ」と呼びます。

建設工事のニーズは、顧客が建設工事を実施したいという建設動機にも通じます。建設動機として考えられる主な例を以下にあげてみます。

①**法人顧客**

遊休地の活用、事業転換、事業承継、新規事業、競合対策、店舗リニューアル、減価償却済みの資産保有、福利厚生対策…

②**個人顧客**

相続対策、節税対策、老後の生活設計、立ち退き、移転、被災、職住分離、多世代同居…

これらはほんの一例ですので、営業担当者としては顧客の様々な建設ニーズを的確にキャッチし、工事の受注に結び付けていかなければなりません。

(3) 潜在ニーズと顕在ニーズ

顧客ニーズは、顧客自身が気が付いていない「潜在ニーズ」と顧客自身が理解している「顕在ニーズ」に分かれます。下記に「潜在ニーズと顕在ニーズの内容及び発言例」を示しておきます。

<潜在ニーズ・顕在ニーズ>

顧客ニーズ	内　容	発言例
潜在ニーズ	・顧客自身は自覚していないが、何かあいまいな課題や欲求を抱えているというもの。 ・顧客の発言は、具体的な商品やサービスに直接的には結び付いていない。 ・主に、現在の状況に対する不満や不快、問題、障害であったりする。	「…が気になっている」 「…が不満である」 「出先の倉庫は狭くて商品が十分保管できない」
顕在ニーズ	・顧客自身が具体的に認識し、はっきりと表明した欲求や強い願望。 ・具体的な商品やサービスと結び付けて発言される。	「○○が欲しい」 「△△を導入する必要がある」 「◇◇の問題を解決したい」 「出先には大型の倉庫が必要だ」

基本的に法人顧客に対する建設工事の見込案件や工事受注は、すべて顕在ニーズによるものです。なぜなら、法人顧客は購買の動機が明確であり、顧客の会社でもその方向で動いている（例えば社内稟議が通っている等）場合に具体的な購買の動きとして、設計会社による図面作成や建設企業に対する見積り依頼などを行うからです。

これに対して、潜在ニーズの場合には顧客が建設工事の必要性を感じていない段階なので、すぐには建設工事の購買に至りません。しかしながら、営業担当者が顧客との商談の中、潜在ニーズを顕在ニーズとするように建設工事の必要性を喚起していくことで工事見込案件化することが可能です。

営業担当者は、顧客からの顕在ニーズを漏らさずに情報収集するとともに、多くの商談を通して潜在ニーズを聴き出し、顕在ニーズを喚起することも行っていかなくてはなりません。

(4) 様々な営業チャンスとは

多くの顧客は一般的に現状に満足しているわけではありませんが、少なくとも否定的には考えていません。大筋で肯定しているといえます。つまり、現状に対する問題意識や明確な解決策を持っている人は、ほとんどいないと考えた方が現実的でしょう。顧客が現状に不満や不備・不足を感じていない限り、改善や充足の欲求は起きてきません。

商談の中で営業チャンスをつかむためには、顧客の発言や営業担当者からの質問に対する回答の内容から、顧客の欲求を的確に認識して、タイミングの良い対応を図る必要があります。

顧客の発言の裏にある心理として、次のようなことが考えられます。

＜顧客心理をさぐる＞

営業チャンス	内　容	発言の裏にある顧客心理
不満からくるもの	現在利用している建物・設備あるいは取引業者に対して、はっきりとした、あるいは漠然とした不満を感じている。	「話を聞いてみて、今よりも良いところ（商品、建設業者）があれば、変えてもよい」
不安からくるもの	現在利用している建物・設備で当面は間に合っているが、将来のことを考えると不安がある。	「現在のままで良いのか迷っているので、話を聞いてみて、今、本当に必要なのかを見極めたい」
不便からくるもの	現在利用している建物・設備に対して、使いづらさや物足りなさを感じている。	「話を聞いてみて、今の不便さを取り除くものがあれば、考えたい」
不快からくるもの	現在利用している建物・設備が古くなったとか、不具合が起こるなどの理由から不快を感じている。	「話を聞いてみて、その原因がわかり、新しくしなければならない理由がはっきりすれば考えたい」

営業担当者としては、顧客の現状をよく把握した上で、顧客自身も気づいていない課題や不満を明確にしたり、解決策の検討を促したりしていくことが必要になります。いわゆる「顧客のニーズの掘り起こし」というものです。

次のチェックリストで振り返ってみましょう。

＜5 商談力に関する営業担当者としてのチェックリスト＞

◎下記チェックリストに基づき、常日頃の自分の営業活動を振り返ってみよう。

	営業担当者としてのチェック項目	点数（1～4）
1	顧客の関心事や困りごとを的確に聞き出して、ビジネスチャンスに変えようとしている。	
2	常に顧客の視点で問題解決のための知恵をめぐらし、顧客と課題の共通認識を図っている。	
3	自社商品・技術の提案は機能だけでなく、顧客のベネフィット（効用）もふまえて提案している。	
4	顧客との会話の中で常に相手が何を考え、何を求めているのかを察知しながら自社に有利な商談を進めている。	
5	顧客ニーズに合致し、顧客が提案内容を理解しやすい企画資料を作成している。	
6	提案する際には、顧客の要望や条件などを勘案して代替案など複数案を提示できるようにしている。	
7	様々な顧客ニーズに合わせて提案資料を整理・分類し、いつでも活用できるようにしている。	
8	顧客提案から受注までのストーリー展開を意図して商談を行っている。	
9	常により多くの商談機会が得られるように、顧客に対する様々な働きかけを行っている。	
10	顧客の購買動機を促進する最善のプレゼンテーションを行っている。	
合　計　得　点		40点

●各設問項目に対して下の基準を目安に採点をし、空欄に点数を記入してください。

○完全にできている …………… 4　○あまりできていない ………… 2
○大体できている ……………… 3　○ほとんどできていない ……… 1

チェックリストの合計得点をP.54「営業担当者としてのチェックリスト・集計表」に転記しましょう。

8. 営業のプロセス管理

営業担当者は、顧客への訪問を通して受注につながる商談を展開していきます。営業のプロセス管理において、工事見込案件を最終的に受注につなげていくには、どのようなステップをふんでいけば良いかを算段することです（詳細は、P.137「営業力を強化する」/第 4 章 参照）。

(1) 受注活動の方程式

建設業の営業成果は、基本的に「受注」につながる「工事見込案件」の数と、どれだけ確実に受注できたかを示す「成約率」の掛け算で表されます。有効な営業活動によって、いかにして受注という成果に結び付けていくかの活動が基本になります。

これは、野球に例えれば工事見込案件数はバッターが打席に立つ「打席数」であり、成約率はヒットを放つ「打率」となります。

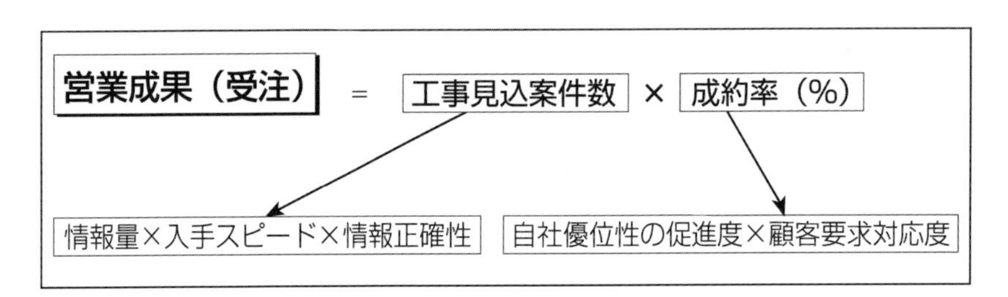

さらに上記の工事見込案件数は、

工事見込案件数＝「情報量」×「入手スピード」×「情報正確性」

に分解されます。

工事見込案件数は、情報量という量的な充足度と、入手スピード（タイミングを逸しない）と正確性（発注確率の高さ）という質の充足度で成り立っています。

また成約率は、

成約率＝「自社優位性の促進度」×「顧客要求対応度」

に分解されます。

「自社優位性の促進度」とは経営トップ・キーマンへの接触や土地・テナントの斡旋、設計協力等々によって自社を優位に立たせること、すなわち他社を蹴落として自社が本命になるように仕向ける活動のことです。

これに対して「顧客要求対応度」とは、顧客が最終的な意思決定（契約）を行う際のキーポイントのことです。競争入札案件の場合には、最終的に契約締結に至る最大要因として「価格」という要素が最も強くはたらきます。

このように見ていくと、先の方程式の中で「工事見込案件数」は、ほとんど営業が自ら質・量ともに確保しなければなりません。「成約率」においても、営業がリードしながら自ら、または組織の他部門を動かしながら進めていくべき活動であり、これが営業力の強さのバロメータとなります。

なぜ、営業のプロセス管理が必要かといえば、待ち姿勢の営業スタイルでは、受注目標達成に必要な「工事見込案件数」の絶対量を稼ぐことができないからです。

そして、「成約率」を上げるための手段も、引き合いを受けてから策を講じるため限定的となり、結果として「成約率」がなかなか上がらないのです。

(2) 有効営業活動の向上

筆者が、全国の建設企業の営業研修などを実施して感じることは、建設業界において、訪問件数や面談・商談の件数をバロメータとして活用しているケースがほとんどないということです。というのは、建設営業担当者と話をして聞くのは、「いくら顧客を訪問しても仕事のないところからは、物件の話は上がってこないですよ」とか、「新規顧客は歩留まり[1]が悪いので訪問していません」などという声が圧倒的に多いのです。

確かに建設企業の営業が扱う商品（工事物件）は、大きいものでは数十億円単位にもなる高額商品です。保険や自動車、あるいはコンピュータなどを扱う営業のようなわけにはいかないかもしれません。

しかしながら、「では、受注目標を達成するためにどのような要素がなくてはならないのですか？」と問いかけてみると、「やはり見積書を提出できる工事見込案件がなければ、どうにもなりません」という答えが返ってきます。

それでは、「その見積書を提出できる工事見込案件が、どれくらいの件数や金額があれば受注目標を達成できるのですか？」と尋ねると、その答えは企業や人によってまちまちですが、あやふやであったり答えに窮する人も結構多いのです。

受注目標を達成するためには、必要絶対量としての見込案件となるように見積書を提出できる工事案件を発掘しなくてはなりません。見積案件が受注確保の要素になるとすれば、この場合、見積案件の発掘が「有効営業活動」となります。

他力本願の待ちの営業スタイルでは、意図したボリュームの見込案件数が確保できません。ではどうするかといえば、それは有効営業活動を向上させて、見積案件数（量）を拡大しなければならないのです。

---

1. **歩留まり**：仕上がり率、ここでは受注率のこと。

(3) 自社優位性を高めるためのプロセス管理

自社優位性を高めるためには、営業担当者が毎回、顧客企業へ訪問する度に次回訪問に向けて、次にどのような受注促進を行っていくかを検討し、作戦を立てて取り組んでいかなくてはなりません。工事の施工に工程管理が欠かせないのと同じように、営業活動においても、その進捗をプロセス管理していくことが大変重要となります。次のような点に注意しながら行います。

①情報収集活動の重要性

営業プロセス管理において、競合他社を抑えて自社が営業の主導権を握るには「対顧客において何が受注促進の決め手になるか」をいち早く察知しなければなりません。そのためには、既存顧客はもちろん、新規開拓顧客も含めて顧客訪問活動の中での情報収集のプロセス管理が大変重要になってきます。

情報は主に顧客以外のルートで入手する情報と、顧客への直接訪問に伴う担当者から聞き出した情報とに分かれます。顧客以外のルートからの情報は、さらにインターネットや経済誌などのメディア媒体で入手できるものと、金融機関や取引業者などの人的ネットワークから得られる情報とに分かれます。特に顧客の担当者からの生の情報は有益なものとなります。営業担当者としては、顧客に深く入り込み、顧客が本音をしゃべったり、マル秘レベルの情報を打ち明けたりしてくれるような関係を構築していくことが大切です。

②自社優位性促進のためのプロセス管理

顧客の情報収集は、窓口担当者のニーズ把握から始まります。顧客は、必ずしも建物を建てることが目的ではないのです。例えば「倉庫が手狭で使いにくい」とか、「売上好調を維持しているので、拠点に自前の事務所が欲しい」などの購買動機としての“顧客の要望や困っていること”に真剣に耳を傾けると、顧客の抱える様々な問題点が浮かび上がり、真の顧客ニーズが見えてくるのです。

必要に応じて、上席者や技術部門の社員と同行営業をすることにより顧客ニーズを促進させ、関係をさらに密にしていきます。

注意したいことは、顧客と面談する時に一担当者や一担当部門に限定しないことです。法人営業の場合は、１つの意思決定を行う際には、その会社の役員及び複数の部門の関与や承諾が絡む場合が多いからです。

一担当者や一担当部門にだけ足繁く通い確約までもらっていても、最後に他社にひっくり返されるような場合があります。その原因としては、顧客企業の上層部や他部門の意向、動きについて十分に把握しきれていなかったケースが考えられます。営業担当者は、顧客との商談活動を通してプロセス管理に気を配り、受注に向けて着実に地歩を固めなければなりません。

＜情報の分類＞

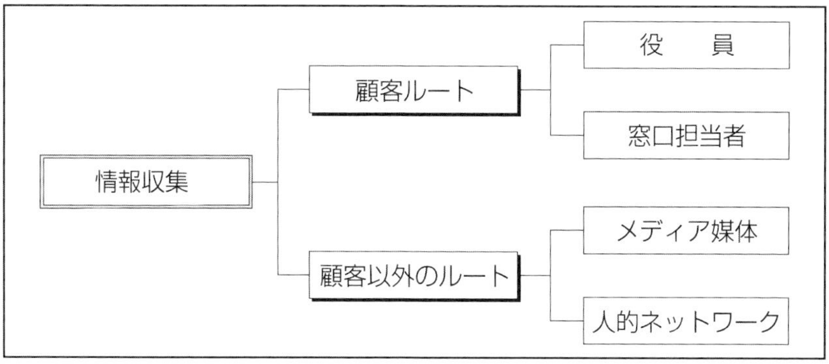

次のチェックリストで振り返ってみましょう。

<6 営業のプロセス管理に関する営業担当者としてのチェックリスト>

◎下記チェックリストに基づき、常日頃の自分の営業活動を振り返ってみよう。

	営業担当者としてのチェック項目	点数（1～4）
1	担当顧客・地域の現状を把握し、受注の可能性や事業の成長性を予測しながら優先順位付けなどの作戦を立てている。	
2	受注目標を達成するための課題を明確にし、具体的な活動計画レベルに落とし込んで行動している。	
3	顧客ごとに意図した受注成果に結び付ける手順（アプローチ方法、営業促進手段）を明確にしている。	
4	顧客別、工事案件別に自社が受注で優位に立つ要因（土地・テナントの斡旋、設計協力等）を見出し、適切に仕掛けている。	
5	顧客に対する競合他社のアプローチ状況をつぶさに把握し、対策を立てて行動している。	
6	担当テリトリーの有力顧客や土地情報などを積極的に調査・発掘している。	
7	顧客の状況を的確に捉えて、見込度の判定や今後の受注対策を綿密に立てている。	
8	受注目標に応じた見込案件の進捗管理と、新たな見込案件開発を常に同時並行で行っている。	
9	顧客の発注時期、手続き、決定権者等の購買決定システムを理解して動いている。	
10	活動データ（例：商談件数、見積り提出件数、新規開拓件数等）を自分の営業活動管理に利用している。	
	合　計　得　点	40点

●各設問項目に対して下の基準を目安に採点をし、空欄に点数を記入してください。

○完全にできている …………… 4　　○あまりできていない ………… 2
○大体できている ……………… 3　　○ほとんどできていない ……… 1

チェックリストの合計得点をP.54「営業担当者としてのチェックリスト・集計表」に転記しましょう。

9. 内部コミュニケーション

建設営業では、１人の営業担当者が一気通貫で最初の見込創出から最後の受注に至るまでを単独で活動することはまれです。通常、その間に積算、設計、工事などの関連部門の協力や協同作業によって営業活動が進められていきます。

また、同じ営業組織内の上司・同僚からの情報提供や、上司や他部門との同行営業などで受注を積極的に促進させる営業方法もあります。

(1) 営業活動の組織的な展開

営業担当者は、営業部門を中心に受注成果（成約率）を向上させるために、関連部門を巻き込んだ営業を仕掛けていくことが必要です。この受注に向けての全社的な営業展開が重要であり、ポイントとしては、大きく以下の３点となります。

①組織営業の強化

工事・設計・積算・購買などの関連部門を巻き込んだ顧客対応の営業支援を組織営業といいます。組織営業による受注促進については、次のような点があります。

- 顧客ニーズ（要求事項）の収集と明確化支援（同行営業、応札検討会等)、設計支援
- プロポーザル資料（事業収支計画、技術提案資料等）の作成
- 積算のスピードと精度アップ
- 見積り作成時のコストダウン、ＶＥ[1]等の対応

---

1. ＶＥ: Value Engineering の略。価値工学と呼ばれている。建設物の機能・性能を保ちながら他の製品や施工法に変えることにより、コストダウンを図る手法。

②全社営業体制による情報提供の促進

全社営業は、営業部門以外のメンバー（役員、社員他）にも、営業情報の提供などを促進することです。具体的には次のような支援活動を促進します。

- 現場営業による施主・発注者の増額工事・継続工事情報の収集・折衝及び近隣対策に絡む工事情報
- 各社員の人脈による情報協力

・工事や資材発注に絡む取引先（協力会社等）とのＧＴ[1]営業
・上記工事情報の営業情報データベース化

---

1. ＧＴ：Give&Takeの略。例として、資材業者からの材料大量購入などの見返りとして、その資材業者の社屋や倉庫などの建築工事を請け負わせてもらう場合等を指す。

③戦略商品の開発

市場戦略に基づき、ターゲット顧客に対する戦略商品の開発を営業と施工部門の共同で行っていきます。

・商品コンセプトの明確化
・商品の仕様の明確化
・コスト管理（価格政策等）
・施工体制
・営業戦略と活動計画
・プロモーション計画（ダイレクトメール、試験施工等）

(2) 営業部門の内部コミュニケーション

営業部門内においては、お互いに情報交換を密に行い、情報の共有化を図り、相互に受注対策などを啓発しながら、目標とする工事受注のための組織活動を行っていくことが大切です。

日報ミーティングによる情報共有化

営業担当者に、活動計画に基づく日々の顧客への訪問活動と、帰社後に営業日報の提出を義務付けている建設企業は、多くあると思います。

筆者は、建設営業担当者セミナーなどにおいて、実際に営業日報を書いて上司に提出しているという営業担当者に、次のように尋ねてみることがあります。「営業日報を上司に提出すると、どのようなフィードバックがありますか？」。

それに対して営業担当者からは、「上司からのフィードバックは、ほとんどありません」という答えが返ってくるケースが多く見受けられます。

営業日報をこのようにただ単に義務的に提出させていても、営業日報が実際には営業活動に活かされず、ある面でただ時間のムダとなっているだけの企業が多いようです。

営業管理職は、一般的にプレイングマネジャーの場合が多く、自ら顧客先を訪問して商談を行っている分、部下の管理がおろそかになるのでしょう。また仕事の性質上、お互いに直行・直帰が多いこともあり、上司とメンバーがじっくり話し合うなどのコミュニケーションの機会が不足しがちになります。

しかし、筆者の経験から言えば、営業担当者が毎日きちんと上司と営業日報ミーティングを行っている営業部門の担当者は、ミーティングの結果が受注成果につながっていく場合が多いように見受けられます。なぜなら、営業活動のプロセス管理は、過去の実績や経験も大事な要素となるからです。

つまり、１人の営業担当者の経験則で営業促進要因を考えるよりも、部下と上司がひざを交えて営業戦略を練る方が“抜け”や“誤った判断”を防ぐことができるのです。

営業担当者は、上司とコミュニケーションを図りながら日々の活動を省みて、明日の対策を立てることに意義があるのです。

さらに上司だけでなく、同僚の営業担当者と共同で日報ミーティング（チームミーティング活動）を行えば、さらに情報の共有が進み、自社優位性を促進するための様々なアイデアや情報などをお互いに交換することができるのです。このようなミーティングのスタイルが定着すると、営業チーム内のコミュニケーションは活発化し、メンバーの意識が向上し、ノウハウが融合され、チーム全体の営業力を高めていくことができます。

それでは、次の最後のチェックリストを記入し、P.54「チェックリストを集計してみる」で今までのチェックリストの集計をしてみてください。

＜7内部コミュニケーションに関する営業担当者としてのチェックリスト＞

◎下記チェックリストに基づき、常日頃の自分の営業活動を振り返ってみよう。

	営業担当者としてのチェック項目	点数（1～4）
1	社内で営業情報を常に交換し、成約のための方法論や対策について協議している。	
2	受注のために上司・同僚や他部門（工事、積算等）の協力を仰ぎ、成果に結び付けている。	
3	タイミング良く上司・役員、技術者などに同行依頼をし、受注促進につなげている。	
4	工事担当者より現場の状況を常に聞き出し、追加工事や継続工事につなげている。	
5	顧客との商談結果などの情報を日報報告やミーティングの機会などを通して、上司や同僚と共有を図っている。	
6	受注に向けた顧客への攻略方法を上司や同僚と協議したり、同僚に対してアドバイスを行ったりしている。	
7	他社と差別化するための商品開発などを上司や関連部門に働きかけを行い、積極的に進めている。	
8	工種別、物件別の施工実績や成功例等を必要に応じて資料として用意できるように、社内データベース化を図っている。	
9	他部門（工事部門等）の情報を提供してくれる担当者とは、自分も顧客との商談状況を逐一報告してお互いに共有し合っている。	
10	良い情報も悪い情報も常に報告・連絡・相談を行い、組織的な営業対応を心がけている。	
	合　計　得　点	40点

●各設問項目に対して下の基準を目安に採点をし、空欄に点数を記入してください。

○完全にできている …………… 4　　○あまりできていない ………… 2
○大体できている ……………… 3　　○ほとんどできていない ……… 1

チェックリストの合計得点をP.54「営業担当者としてのチェックリスト・集計表」に転記しましょう

10. 統計データで見る営業担当者としての能力要件

(1) チェックリストを集計してみる

これまで基本姿勢から内部コミュニケーションまでの７つの能力要件について解説してきました。下記にチェックリストの合計点数を記入する欄を設けましたので、転記して集計してみましょう。

＜営業担当者としてのチェックリスト・集計表＞

◎チェックリスト１～７の各合計得点を入れてみよう。

	営業担当者としての能力要件	合計点数
1	基本姿勢	
2	営業マナー	
3	商品知識	
4	顧客管理	
5	商談力	
6	営業のプロセス管理	
7	内部コミュニケーション	
総　合　得　点		280点

○２４５点以上 ……………………… 非常に優秀な営業担当者です。
○２１０点～２４４点 ……………… 営業担当者としてほぼ合格点です。
○１７５点～２０９点 ……………… 営業担当者としてあと一歩の努力が必要です。
○１７４点以下 ……………………… この本で営業担当者としての基本を身に付け、能力アップを図りましょう。

※前頁の集計表を元に各点数を入れてレーダーチャートを作成してみましょう。

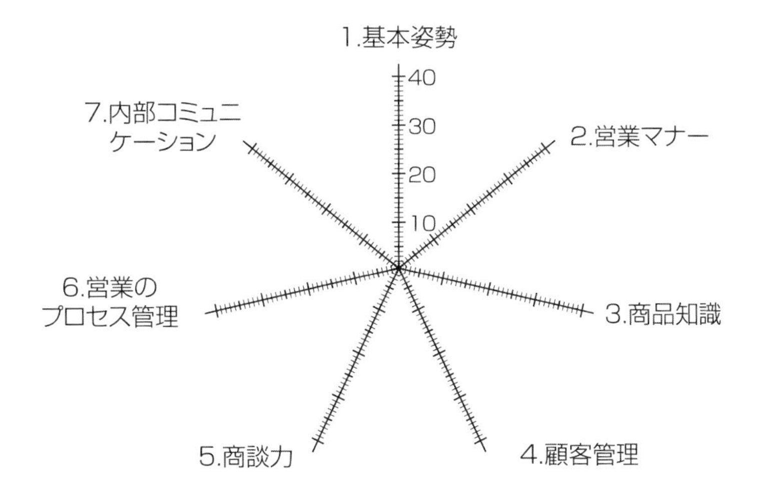

採点結果はいかがでしたでしょうか。「結構できている」という方は、さらに本書で磨きをかけていただきたいですし、「できていないことの方が多かった」という方は、これから本書で学んで力を付けていってください。

(2) 建設業の営業担当者の統計データを見る

実際のところ、この書籍の読者である建設業の営業担当者の皆様はどのくらいの点数なのでしょうか。筆者が建設企業の営業研修などで実施したチェックリストのデータ（約 500 名分）を集計し、その業界平均を次頁以降に掲載しております。

チェックリストは設問ごとに「完全にできている… 4 点」「大体できている… 3 点」「あまりできていない… 2 点」「ほとんどできていない… 1 点」で自己評価するようになっていることから、3 点と 2 点の中間の 2.5 点以上がひとつの目安であり、この数値を下回る項目は、ほぼ建設営業全般の弱点や課題と言えそうです。

＜1基本姿勢に関する営業担当者としてのチェックリスト＞

	営業担当者としてのチェック項目	業界平均
1	日々、受注目標達成を意識して行動している。	2.99
2	営業部門や個人の受注目標数値や過去・現在の実績などの数値は常に忘れず、念頭に置いている。	2.81
3	組織の一員としての自覚を持ち、周りと協調しながら仕事を進めている。	3.11
4	困難な状況になっても前向きな気持ちを忘れずに、問題解決に邁進している。	3.11
5	体調管理に気をつけ、常にパワー全開で仕事に精を出している。	2.92
6	会社や自社の商品・技術に誇りと自信を持って営業を行っている。	2.95
7	顧客の前ではいつも分別をわきまえて、適度な緊張感を持って接している。	3.28
8	訪問時間、資料提出期限などの顧客との約束はどんなことがあっても守るようにしている。	3.37
9	上司・先輩や顧客などから、常に学びとる姿勢で努力を惜しまないでいる。	2.95
10	営業活動の障害を他の問題（業界環境、顧客、価格等）に責任転嫁せず、自分自身の問題と捉えて前向きに取り組んでいる。	2.78
平均得点		3.03

＜2営業マナーに関する営業担当者としてのチェックリスト＞

	営業担当者としてのチェック項目	業界平均
1	（頭髪、服装など）常にきちんとした身だしなみを心がけている。	3.25
2	顧客に対し、常に気持ちの良い笑顔で接している。	3.18
3	言葉づかいは、誰に対しても相手を敬う丁寧な言動をしている。	3.10
4	顧客訪問時のお辞儀は、基本に忠実で相手に好印象を与えるものとなっている。	2.99
5	顧客先において、直接の担当者以外の社員や受付の人に対してもあいさつを心がけている。	3.34
6	顧客との商談中は携帯電話の電源を切り、顧客に断りなしにタバコを吸ったりしないように心がけている。	3.47
7	親しい間柄の顧客でも、なれなれしい態度を取らずに礼儀をわきまえている。	3.15
8	客先に訪問し応接室に通されたら、顧客の姿が見えるまで立って待つか、もしくは顧客の姿が見えたらすぐに立てるような姿勢で待っている。	3.42
9	電話をかける時には、相手の都合を配慮して会話するようにしている。	3.35
10	名刺交換、敬語、席次などの基本的なビジネスマナーを熟知して行動している。	2.81
	平　均　得　点	3.21

＜3商品知識に関する営業担当者としてのチェックリスト＞

	営業担当者としてのチェック項目	業界平均
1	顧客に応じた自社商品の的確な説明ができている。	2.60
2	顧客からの技術的な質問に対して、営業現場で即応できている。	2.49
3	顧客からの見積依頼に対して、おおよその積算金額の検討を行うことができる。	2.52
4	商品知識や営業関連知識（不動産、法律、金融、税務等）を広げるための機会（技術部門との交流、講習会への参加等）を積極的につくっている。	2.22
5	顧客からの様々な相談事に適切に対応できるだけの商品知識や営業関連知識を有している。	2.46
6	競合他社の情報を把握し、自社商品との差別化のポイントを訴求できている。	2.22
7	常に外部（他社、業界）の技術情報などに興味を持ち、顧客の求める商品の拡充を図ろうとしている。	2.42
8	顧客の利益となり、満足度を高める最適な提案を行うための十分な知識を持っている。	2.36
9	顧客の事業内容、事業所･施設、顧客の業界、顧客の顧客（エンドユーザー等）について幅広く理解･把握しようとしている。	2.71
10	入札や契約に必要な事項を熟知し、モレのない手続きを行っている。	2.77
	平　均　得　点	2.48

＜4顧客管理に関する営業担当者としてのチェックリスト＞

	営業担当者としてのチェック項目	業界平均
1	担当市場を既存顧客と新規顧客に分類し、モレなくリストアップし、アプローチしている。	2.24
2	新規開拓すべき顧客の目標（件数等）や活動基準（訪問の質·量）を決めて、能動的に開拓活動を行っている。	2.25
3	顧客ごとに取引実績や今後の発注可能性、利益率などを考慮した区分や優先順位をつけて訪問している。	2.47
4	見込みの出ている工事案件の商談ばかりでなく、今後の見込み発掘のための営業活動をバランスよく行っている。	2.49
5	法人企業の顧客に対して、複数の担当者や窓口を開拓し、幅広く情報を入手したり、キーマンに対する働きかけを行ったりしている。	2.39
6	タイミング良く上席者を伴った顧客訪問を行っている。	2.42
7	顧客との商談内容や進捗状況を自分だけでなく、上司や他の営業メンバーにもわかる状態にしており、異動の際の引き継ぎが容易である。	2.38
8	受注後のアフターセールスにも注力している。	2.63
9	顧客からの苦情や不満については、事の大小を問わず、迅速かつ適切に誠意を持った対応を行い、信頼回復に繋げている。	3.07
10	顧客とは、仕事を越えた付き合いや人間関係を大事にしている。	2.66
	平　均　得　点	2.50

＜5商談力に関する営業担当者としてのチェックリスト＞

	営業担当者としてのチェック項目	業界平均
1	顧客の関心事や困りごとを的確に聞き出して、ビジネスチャンスに変えようとしている。	2.67
2	常に顧客の視点で問題解決のための知恵をめぐらし、顧客と課題の共通認識を図っている。	2.74
3	自社商品・技術の提案は機能だけでなく、顧客のベネフィット（効用）もふまえて提案している。	2.45
4	顧客との会話の中で常に相手が何を考え、何を求めているのかを察知しながら自社に有利な商談を進めている。	2.75
5	顧客ニーズに合致し、顧客が提案内容を理解しやすい企画資料を作成している。	2.47
6	提案する際には、顧客の要望や条件などを勘案して代替案など複数案を提示できるようにしている。	2.44
7	様々な顧客ニーズに合わせて提案資料を整理・分類し、いつでも活用できるようにしている。	2.20
8	顧客提案から受注までのストーリー展開を意図して商談を行っている。	2.61
9	常により多くの商談機会が得られるように、顧客に対する様々な働きかけを行っている。	2.42
10	顧客の購買動機を促進する最善のプレゼンテーションを行っている。	2.18
	平　均　得　点	2.49

＜6 営業のプロセス管理に関する営業担当者としてのチェックリスト＞

	営業担当者としてのチェック項目	業界平均
1	担当顧客・地域の現状を把握し、受注の可能性や事業の成長性を予測しながら優先順位付けなどの作戦を立てている。	2.43
2	受注目標を達成するための課題を明確にし、具体的な活動計画レベルに落とし込んで行動している。	2.39
3	顧客ごとに意図した受注成果に結び付ける手順（アプローチ方法、営業促進手段）を明確にしている。	2.38
4	顧客別、工事案件別に自社が受注で優位に立つ要員（土地・テナントの斡旋、設計協力等）を見出し、適切に仕掛けている。	2.40
5	顧客に対する競合他社のアプローチ状況をつぶさに把握し、対策を立てて行動している。	2.29
6	担当テリトリーの有力顧客や土地情報などを積極的に調査・発掘している。	2.18
7	顧客の状況を的確に捉えて、見込み度の判定や今後の受注対策を綿密に立てている。	2.36
8	受注目標に応じた見込案件の進捗管理と、新たな見込案件開発を常に同時並行で行っている。	2.39
9	顧客の発注時期、手続き、決定権者等の購買決定システムを理解して動いている。	2.61
10	活動データ（例：商談件数、見積り提出件数、新規開拓件数等）を自分の営業活動管理に利用している。	2.10
	平 均 得 点	2.35

＜7内部コミュニケーションに関する営業担当者としてのチェックリスト＞

	営業担当者としてのチェック項目	業界平均
1	社内で営業情報を常に交換し、成約のための方法論や対策について協議している。	2.69
2	受注のために上司・同僚や他部門（工事、積算等）の協力を仰ぎ、成果に結び付けている。	2.91
3	タイミング良く上司・役員、技術者などに同行依頼をし、受注促進につなげている。	2.69
4	工事担当者より現場の状況を常に聞き出し、追加工事や継続工事につなげている。	2.72
5	顧客との商談結果などの情報を日報報告やミーティングの機会などを通して、上司や同僚と共有を図っている。	2.75
6	受注に向けた顧客への攻略方法を上司や同僚と協議したり、同僚に対してアドバイスを行ったりしている。	2.66
7	他社と差別化するための商品開発などを上司や関連部門に働きかけを行い、積極的に進めている。	2.04
8	工種別、物件別の施工実績や成功例等を必要に応じて資料として用意できるように、社内データベース化を図っている。	2.18
9	他部門（工事部門等）の情報を提供してくれる担当者とは、自分も顧客との商談状況を逐一報告してお互いに共有し合っている。	2.52
10	良い情報も悪い情報も常に報告・連絡・相談を行い、組織的な営業対応を心がけている。	2.88
	平　均　得　点	2.60

第2章

営業マナーの基本

1．営業マナーの重要性
2．身だしなみの基本
3．表情のつくり方
4．正しいおじぎの仕方
5．言葉づかいの基本
6．名刺交換の行い方
7．受付訪問時のマナー
8．商談時のマナー
9．電話応対

1. 営業マナーの重要性

営業は人に会うことが仕事です。主な対象者はもちろん顧客であり、顧客とのコミュニケーションの取り方いかんによって、商談が締結（受注）することもあれば、失注することもあります。営業担当者が顧客に好感を持って迎えられるためにはマナーは極めて重要です。

(1) マナーとは何か

そもそもマナーとはどういう意味でしょうか。マナーは周りの人に迷惑を掛けない、あるいは不快にさせないというのが本来的な意味です。ですから携帯電話のマナーモードもそのような意味から使われています。

マナーは自己満足ではいけません。相手が好感を持つか不快感を持つかは顧客が決めることです。「自分はできている」と思っていても顧客の側から見て「マナーができていない」ということであれば、それはできていないということなのです。

(2) 営業としての好感度の向上

営業は顧客に好かれることが基本で、顧客に嫌われるようでは、仕事になりません。顧客に嫌われれば、商談どころか会ってももらえないでしょう。

顧客に嫌われないようにするためには、まず最低限の基本的なマナーを理解し、実践することです。顧客に対する訪問前の身だしなみから始まり、訪問時のおじぎ・あいさつ、名刺交換、言葉づかいなど、営業担当者としてきちんとした顧客応対をすることにより、好感を持ってもらいやすくなります。

本章では、まず顧客から好感を持たれるための基本的なマナーを理解しましょう。

2. 身だしなみの基本

人は、第一印象でその人を判断してしまう傾向にあります。身だしなみは単に外見のことだけでなく、その人の気持ちや内面も反映します。営業担当者には、まさにこのことが当てはまります。

身だしなみで重要な点は、第1に清潔感を保つことです。髪の毛が長い、茶色に染めている、服にフケが付いている、靴が汚れている、爪が伸びているなどの見苦しい外見をしていては、顧客に不快な印象を与えてしまいます。

第2は目立ちすぎないことです。よく濃い色のワイシャツやブランド品のポーチ、名刺入れ（金の飾りや烙印がされたもの等）を使っている人がいますが、顧客から見れば、目立ちたがり屋とか派手な性格だと思われ、決して良い印象は持たれません。

第3はこざっぱりしていることです。ワイシャツやブラウスは汚れやシワのないものを身に付け、ズボンプレスをきちんとかけたものを着用し、革靴は新品でなくてもきれいに磨いてあるなど、ごく普通の服装でこざっぱりしていることが大切です。だからといって、あまり貧相な格好では人間的にも内面的にもお粗末なイメージを与え、顧客からは良い印象を持たれないはずです。そもそも貧相な営業担当者に、大切な仕事を頼みたいという気には誰もなれないでしょう。

営業担当者は、訪問前に鏡を見ながら髪やネクタイを整えるなど、全身をチェックしてみる余裕が必要です。

次頁に簡単な男女別の身だしなみのチェックシートを用意しましたので、自らの身だしなみについて振り返るとともに、可能であれば他人（第三者）にも評価してもらってみてください。

<身だしなみチェックシート～男性用～>

身だしなみチェックシート　～男 性 用～

●各設問項目に対してつぎの基準を目安に採点をし、空欄に点数を記入してください。
- ・常に完全にできている ……………………4
- ・大体できている ……………………………3
- ・あまりできていない ………………………2
- ・ほとんどできていない ……………………1

○すべての項目に４点（合計132点）が付けられるようにしましょう。

		自己評価	他人評価
髪	1．清潔か・整髪しているか・寝癖はないか		
	2．長すぎないか		
	3．フケは落ちていないか		
顔	4．ヒゲはきちんとそってあるか		
	5．目ヤニはついていないか		
	6．鼻毛は伸びていないか		
	7．歯はきれいか、口臭はないか		
スーツ	8．カジュアルすぎないか		
	9．色・柄は派手ではないか		
	10．ほころび・ボタン・シミは大丈夫か		
	11．シワになっていないか		
ワイシャツ	12．清潔か		
	13．えり・袖口は汚れていないか		
	14．色・柄は派手ではないか		
	15．ほころび・ボタン・シミ・シワは大丈夫か		
ネクタイ	16．センスがいいか		
	17．ヨレヨレではないか		
	18．まっすぐ、きちんとしめたか		
ズボン	19．折り目がきちんとついているか		
	20．汚れていないか		
ベルト	21．サイズ・色は適当か		
下　着	22．ワイシャツのそでやズボンからはみ出していないか		
靴　下	23．清潔か		
	24．ずり落ちていないか		
	25．スーツや靴にマッチしているか		
靴	26．きれいに磨いてあるか		
	27．かかとがすり減っていないか		
	28．色や形がビジネスに適しているか		
手	29．爪はきれいか、伸びすぎていないか		
	30．手・指先は汚れていないか		
ハンカチ	31．清潔か		
	32．予備は持っているか		
その他	33．耳は清潔にしているか		
	合 計 得 点	／132	／132

＜身だしなみチェックシート～女性用～＞

身だしなみチェックシート　～女性用～

●各設問項目に対してつぎの基準を目安に採点をし、空欄に点数を記入してください。
・常に完全にできている ……………………4
・大体できている ……………………………3
・あまりできていない ………………………2
・ほとんどできていない ……………………1

○すべての項目に４点（合計132点）が付けられるようにしましょう。

		自己評価	他人評価
髪	1．清潔にしているか		
	2．乱れていないか		
	3．前髪など見苦しくないか		
	4．リボンやヘアピンなど派手すぎないか		
顔	5．目ヤニはついていないか		
	6．歯はきれいか、口臭はないか		
化粧	7．清潔で健康的な感じを与えているか		
	8．化粧は濃くないか		
	9．口紅・アイシャドウの色は適当か		
	10．香水は強すぎないか		
アクセサリー	11．派手すぎないか		
	12．邪魔にならないか		
	13．服装と合っているか		
	14．時計は華美なデザイン･子供っぽいデザインではないか		
服	15．カジュアルすぎないか		
	16．色・デザインは派手すぎないか		
	17．スカート丈は適当か		
	18．ほころび・ボタン・シミ・シワは大丈夫か		
	19．ブラウスがはみ出していないか		
	20．汚れていないか		
	21．清潔か		
ストッキング	22．デンセンしていないか		
	23．清潔なものを着用しているか		
	24．色・デザインは派手すぎないか		
	25．予備は持っているか		
靴	26．きれいに磨いてあるか		
	27．ヒールは高すぎないか		
	28．色・デザインは派手すぎないか		
手	29．爪は伸びすぎていないか		
	30．手・指先は汚れていないか、荒れていないか		
	31．マニキュアは派手ではないか、はげていないか		
ハンカチ	32．清潔か		
	33．予備は持っているか		
	合　計　得　点	／132	／132

3. 表情のつくり方

顧客と面談する時には、表情にも気を配る必要があります。暗そうなイメージの顔や、ムスッとして怒っているような顔、険しい雰囲気の表情をしていては、顧客に決して良い印象は持ってもらえません。

また、いやいや仕事をしている時やイライラしている時、あるいは体調がすぐれない時などは、いつのまにか険しい視線になり笑顔が消えているものです。

視線と笑顔について、考えてみましょう。

(1) アイコンタクト

口元は笑っていても、冷たい目付きや表情になってしまうと、顧客に対して、不快な感じを与え、警戒心を持たれてしまいます。表情は温和に、真面目で謙虚に仕事に取り組んでいる気持ちを表情に込めて、やさしい視線でお客様の目をキャッチすることが大切です。

(2) 明るい笑顔

顧客と面談する際に、表情豊かな笑顔で対面すると、顧客からの印象が良くなり、「感じが良い、親身に思ってくれている」「さわやかな営業だ、今後とも何かと付き合っていこう」などの気持ちを感じていただけます。明るい表情の効果を大切に、いつでも心からの笑顔をお客様に届けられるようにします。

(3) やさしい視線と笑顔の練習

毎日１回５分程度、鏡に向かってどのようにしたらやさしい視線や笑顔が表現できるか、練習をしてみましょう。まず、心をおだやかにすることから始めます。顧客の前では、準備万端で自信を持って臨むことで落ち着いたおだやかな心が保てます。

目は前方に向かって、半円を描くような気持ちで視線を動かすとやさしい視線になります。口元によっても、自然な笑顔がつくれます。唇の両端（口角）を２～３ミリ持ち上げるようにするとやさしい笑顔が表現できます。

アフターコロナでマスク越しの場合には、口角を上げても相手には見えません。しかしながら、口元も含めた笑顔が表現できないと、相手に好感を持たれるようなやさしい視線となりません。

2〜3mm
持ち上げる

4. 正しいおじぎの仕方

(1) 正しいおじぎの大切さ

営業活動では、顧客に対し丁寧に頭を下げる機会がたびたびあります。そのため、営業担当者は正しい姿勢、正しい角度で頭を下げる手法を習得しておく必要があります。しかし筆者の経験では、建設企業の営業担当者の中で、きちんと正しいおじぎができる人というのは、非常に少ないという印象を受けています。

筆者が全国各地で建設営業担当者を対象にした研修を行う際に、必ず実施するのがおじぎに代表される基本動作の実践です。若い営業担当者に交じって、営業部長クラスの人も参加される講習会の機会もよくあります。

そのような折に、受講者に「私をお客様と思っておじぎをしてください」と言って皆におじぎを実践してもらうと、及第点のおじぎができる人は半分もいません。

まず、首だけ曲げるおじぎ（腰から 45 度に曲げるのが正しいおじぎ）をする人や、腕がぶらりと下がっているおじぎ（脇を締め、手の指をそろえて太ももの脇にまっすぐに付けるのが正しいおじぎ）になってしまう人など、多くの人がいい加減なおじぎをしています。

たかがおじぎと言うなかれ、繰り返しになりますが営業担当者は第一印象が大切です。前述の身だしなみや、このおじぎのタイミングで、顧客から「この人は好ましくない、感じの悪い人だ」などと思われたら、「早く話を切り上げて帰ってもらおうか」ということになってしまいます。

(2) ３つの正しいおじぎ

営業担当者は、次に示す３種類のおじぎの中で、一番よく使う「最敬礼」の仕方を正しく身に付けなければなりません。

お客様に好印象を持ってもらう意味でも、スマートで礼儀正しいおじきの仕方をしっかりと習得しておきましょう。おじぎの種類は、次の３種類が基本です。

＜３つのおじぎ＞

●会釈 ……………………… 人に出会った時など、最も簡単だが頻繁に行われるおじぎで、すれ違いの時の軽いおじぎ。

・頭を下げた時、視線は約２メートル先に置く。
・視線はお客様に合わせ、手は体側に置く。
・１拍程度静止し、無言で身体を起こす。

●普通礼（敬礼） ………… 朝・夕のあいさつなど一般的なおじぎで、お迎えの時などで使う最も標準的なおじぎ。

・頭を下げた時、視線は約1.5～２メートル先に置く。
・２拍程度静止し、無言で身体を起こす。

●最敬礼 …………………… お礼や陳謝を述べる時など、最高の敬意を表すおじぎで、改まった時に使うおじぎ。

・頭を下げた時、視線は約１．５メートル先に置く。
・頭だけを下げるのではなく、背筋をまっすぐにして腰から上体を曲げるように心がける。
・３拍程度静止し、無言で身体を起こす。

5. 言葉づかいの基本

(1) 正しい言葉づかい

顧客との会話は、敬語が基本です。営業担当者の言葉づかいひとつで、その会社に対するイメージも違ってきますので、十分に注意する必要があります。

営業担当者は、会話によって顧客とのより良い人間関係をつくることが必要です。だからといって、顧客と馴れ合いの関係、馴れ馴れしい言葉づかいになるのはいけません。顧客と良好な人間関係を保ちながら、顧客に対して常に敬意を持って接し、相手を敬った話し方をする必要があります。そのためには、正しい言葉づかいで話すことが大切です。

①７大接客用語

下記は「７大接客用語」と呼ばれる言葉づかいの基本です。主に流通サービス業で使われる接客基本用語です。建設営業担当者においても、商談時に顧客に対して用いる基本的な用語として共通していますので、習得しておきたいものです。

●７大接客用語

・おはようございます
・はい、かしこまりました
・少々お待ちください（ませ）
・お待たせいたしました
・恐れ入ります
・申し訳ございません
・ありがとうございました（ありがとうございます）

②好感を持たれる話し方のポイント

顧客と面談した際に好感を持たれるためには、どのような話し方が好ましいでしょうか。好感を持たれるためのポイントを、次に示します。

・口を大きめに開けて、聞き取りやすい言葉ではっきり話す。
・笑顔を交えながら、明るく話す。
・語尾まで丁寧に、一語一語明瞭に話す。
・相手の会話やテンポに合った話し方で、強弱を付けて話す。
・感情表現に工夫して話す。
・仕事に関する専門用語は、正しく身に付け正確に話す。

③あいさつの基本

あいさつは、日常生活における人間関係の潤滑油と言われています。顧客に対してはもちろん、会社の仲間同士でも明るいあいさつを心掛けることが大切です。

あいさつがしっかりできていれば、顧客に好印象を持ってもらいやすくなります。ひいては「あの人は明るい感じの良い人だ」「あの人に仕事をお願いしたい」「あの人に任せておけば安心できる」などという評価が得られれば、商談も良い方向にいくものです。正しいあいさつは、顧客と良い人間関係を築くための基本です。

④あいさつの仕方

相手から感じ良く思われる気持ちの良いあいさつを行うことが基本です。あいさつのポイントは、以下の通りです。

- 相手の目を見て、明るく、元気よく、はきはきと行う。
- すがすがしい笑顔で、感じ良く行う。
- 場面に応じて、適切な声量、適切なスピードで行う。
- おじぎをする時は、あいさつ（言葉）が先、おじぎは後に行う。

場面に合った、主なあいさつの基本用語は以下の通りです。

場　面	あいさつ
顧客の受付や玄関	・おはようございます ・失礼いたします
客先の社内で関係者に会った時	・おはようございます ・お世話になります ・こんにちは
顧客に何かお願いをする時	・恐れ入りますが ・よろしくお願いいたします
顧客から何か頼まれた時	・はい、かしこまりました ・承知いたしました
迷惑や手数をかけた時	・すみませんでした ・申し訳ありませんでした
顧客先を出る時	・失礼いたします

(2) 正しい敬語の使い方

敬語には、次の３つの種類があります。

あまり難しく考える必要はありません。あくまでも基本は、相手を尊重し、敬う気持ちで話すことです。

①尊敬語	相手の動作や状態、その人の関係者や所有物を、尊敬の気持ちを表し敬う言葉。 ・「お待ちになる」「話される」など
②謙譲語	自分もしくは身内の動作、所有物をへりくだって表現することにより、結果として相手を高める言葉。 ・「参る」「申し上げる」など
③丁寧語	丁寧で上品に使うことで、相手に敬意を表す言葉。 ・「お金」「お荷物」「ご担当」など

<よく使う丁寧な言葉の用例>

普段の言い方	丁寧な言い方
自分	私（わたくし）
どなたですか	大変失礼ですが、どちら様でいらっしゃいますか
○○さんですか	○○様でいらっしゃいますか
自分の会社、うちの会社	当社、私どもの会社、手前どもの会社
あなた	お客様、あなた様、どなた様、どちら様
ちょっと待ってください	(恐れ入りますが)少々お待ちくださいませ
どうですか	いかがでございますか
どんな用ですか	どのようなご用件(ご用向き)でいらっしゃいますか
私では答えられません	申し訳ございません、私ではお答えいたしかねます
こちらから行きます	こちらからお伺いいたします
知らせます	ご連絡させていただきます
ハア？何でしょうか	恐れ入りますが、もう一度お願いいたします
こっちに来てくれませんか	恐れ入りますが、ご足労いただけますか
わかりました	かしこまりました
いいですか	よろしゅうございますか
何とかしてもらえませんか	ご配慮願えませんでしょうか
電話があったと伝えます	お電話いただきましたことを申し伝えます
留守にしてすみません	あいにく留守にしておりまして、失礼いたしました

＜気を付けたい敬語＞

①尊敬語

普段の言い方	尊　敬　語
言う	おっしゃる
着る	お召しになる
くれる	くださる
いる	いらっしゃる
する	なさる、なさいます
来る	いらっしゃる、お越しになる、 おいでになる、お見えになる
読む	目を通される、お読みになる
食べる	召し上がる
見る	ご覧になる
聞く	お尋ねになる、お聞きになる
行く	いらっしゃる、おいでになる
書く	お書きになる
思う	お思いになる
会う	お会いになる
相手の会社	御社、貴社（※）

※御社は話し言葉、貴社は書き言葉として用いる。

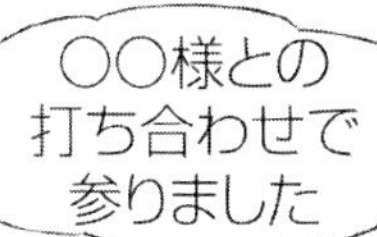

②謙譲語

普段の言い方	謙　譲　語
電話をする	お電話を差し上げます お電話をさせていただきます
いる	おります
思う	存じます、存じ上げます
する	いたします、させていただきます
来る	参る
見る	拝見する
食べる	いただく
聞く	うかがう、拝聴する、聞かせていただく
会う	会わせていただく
やります	させていただきます
行く	うかがう、参る
報告に行く	ご報告に上がります
どうしましょうか	いかがいたしましょうか
言う	申す、申し上げる
もらう	頂戴する、いただく

6. 名刺交換の行い方

名刺交換は、新しい出会いにおける大切なスタートです。ビジネスに関係している人の中でも、営業担当者にとっては特に欠かせない大切な動作でありながら、正しく理解されていないのがこの名刺交換の作法です。名刺の持ち方や顧客との名刺の交換など、正しいマナーで行われていないケースが多いようです。

(1) 名刺の持ち方

名刺は自分の分身であり、人格を表します。だからこそ、顧客の名刺はもちろんのこと、自分の名刺も丁重に扱わなければならないのです。

名刺を人差し指と親指の２本ではさむように持っている人をよく見かけますが、これは名刺をはさむ持ち方で、正しい持ち方ではありません。

基本は手の指全体で支えるのが正しい持ち方です。小さなサイズの名刺ですので、名刺の裏側を人差し指、中指、薬指の３本を中心にして持ち、表側を親指でそっと支えるように添えるのが正しい持ち方です。親指を添える際は、名刺に印刷されている社章などのマークを隠さずに持つようにします。また、名刺の向きは自分の名刺が相手から見て逆向きにならないように注意します。

名刺は片手で持っても両手で持ってもどちらでも構いませんが、両手で持つ方が丁寧な感じがします。両手で持つ場合は、名刺の裏側に添えている左右の指を交差させて、表側の両方の親指で名刺を支えます。

(2) 名刺の渡し方、受け取り方

名刺を片手で渡す際は、名刺入れから取り出した名刺を右手に持ち、右ひじを支点にして、上から下へアーチをかけるように軽く振り下ろすように渡します。その際は、少し前傾姿勢をとります。

渡す際には「私（わたくし）○○建設の△△と申します。よろしくお願いいたします」と社名と名前を名乗り、あいさつをします。名刺を降ろす位置は相手のみぞおちから 20～30 センチ前ぐらいが、相手にとって取りやすいでしょう。

名刺は、基本的に営業担当者の方から先に出して顧客に渡します。ただし、実際のビジネスの場では顧客との同時交換で行われることが多いと思われます。

この場合には、自分の名刺を顧客が左手に持つ名刺入れをお盆がわりにして乗せて受け取ってもらいます。ほぼ同時に顧客が右手に持つ名刺は営業担当者が左手に持った名刺入れに乗せてもらい、受け取った顧客の名刺は落とさないように左手の親指でおさえながら、顧客に名刺を渡した右手が空いたら自分の名刺入れ

に右手を添えて両手の親指でしっかり名刺を押さえるようにします。この段階でほぼ同時に名刺の受け渡し（名刺交換）が行われました。

顧客から名刺を受け取った後は、受け取った位置から下に降ろさないことです。その位置から 名刺を上に持ち上げながら軽く会釈をするのが良いでしょう。その際に「頂戴いたします」と名刺をいただいたお礼を述べます。

(3) 複数名との名刺交換

２人や３人の顧客と名刺交換を行う際は、少し工夫が必要です。まず、交換人数分の名刺をあらかじめ抜いておき、名刺入れの開きの中に置き、フタをして挟んでおきます。まずは相手の役職の上位者から順に、名刺入れから自分の名刺を抜き、相手と名刺を交換します。いただいた名刺は名刺入れの腹側（下）にしまい、左手の４本指でキープし、役職の順に名刺交換を行います。

(4) いただいた名刺の置き方

いただいた名刺は名刺入れをお盆代わりにし、縦型の名刺は縦に、横型の名刺は横にして名刺入れの上に乗せ、自分の座ったテーブルの左側に置きます。

複数名と名刺交換した場合は、相手の上位者の名刺を名刺入れの上に置き、その他の相手の名刺はその真横に相手の席次と相対するように置きます。ただし、名刺だけではどちらが上位者かわからないケースもあるでしょう。その場合には名刺入れは使わずにテーブルに相手の名刺をフラットに並べておきます。

(5) 名刺交換Q＆A

①名刺は服のどこに入れておいたらよいか？

背広の内ポケットかワイシャツの胸ポケットに名刺入れを入れ、相手と名刺交換をする前に取り出します。背広の脇のポケットや、ズボンのお尻のポケットには決して入れないようにします。ポケットがない場合は、名刺入れをカバンの中のいつでも取り出せる位置に入れておくとよいでしょう。

②使ってはいけない名刺は？

角の折れたものや汚れたものなど、受け取った相手が不快に思うような名刺は使ってはいけません。また、謹賀新年などの印刷がされた名刺は、仕事始めの日から松の内（通常1月7日であるが、一部の地域では15日まで）の期間だけ使うようにします。

③いただいた名刺がわかりにくい名前だったら？

読みにくい名前や紛らわしい文字の場合は、「失礼ですが、お名前は何とお読みするのでしょうか？」とその場で尋ねるようにします。会話が始まって時間が経過すると尋ねるのも気が引けてしまうので、名刺交換を行ったその場で、質問する方がよいでしょう。

また、難しい読み方であってもその場で名刺に直接メモを書き込んだりするのは失礼です。覚えておくか、手帳にメモをするなどして、顧客との面談後に名刺にふり仮名を書き込んでおきます。

④名刺が切れてしまっている時は？

営業担当者として、名刺が切れること自体が失格です。常に枚数をチェックしておくか、予備をカバンの中に入れておくべきです。

筆者は名刺入れを常に2つ持ち、1つを予備名刺入れとして中に自分の名刺を多めに入れてカバンにしまっています。

万が一名刺が切れた状態で顧客と名刺交換せざるを得ない時は、「申し訳ございません。ただいま名刺を切らせております」と謝罪して受け取り、会社に戻ってから、改めて謝罪文と一緒に自分の名刺を郵送します。

⑤名刺入れは、どのようなものでもよいのですか？

名刺入れも普通の皮製以外に箱型のものや定期入れと兼用になったものなど様々なものがありますが、営業担当者が使うべき名刺入れは、黒の皮製が基本であると理解しておきましょう。それもブランド品のように金色の装飾などが施されていない、無地のものがよいでしょう。

名刺入れが目立つものですと、顧客から見て「生意気だ」あるいは「軽薄な人だ」と思われる場合があります。営業担当者は不特定多数の顧客に会う以上、最大公約数的に、顧客から嫌われにくい派手すぎない一般的なものを使用する方が無難です。

7. 受付訪問時のマナー

法人営業の場合、受付での対応は最初に突破しなければならない関所です。特に新規開拓中の企業などの場合は、受付での印象ひとつで、顧客との面談率が違ってきます。マナーを守って、正しい応対を行いましょう。

(1) ドアは両手で閉める

顧客企業に訪問した場合、まず会社のドアが自動でない場合は、必ずドアの取っ手を両手で持って閉めることが大切です。

なぜ両手で閉めるかと言えば、２つの理由があります。１つは両手で閉めることにより、受付から見て非常に丁寧なしぐさとなり、好印象を持ってもらいやすいことです。２つ目に両手でドアの取っ手を持てば、バタンと閉めるようなことがないからです。大きな音を立てると見苦しいだけでなく、周りの人を不快にさせます。

(2) 訪問時間を厳守する

顧客との訪問時間は必ず守らなければなりません。必ず余裕を持って訪問します。しかし早く着いたからといって、訪問時間よりも早く受付から顧客本人を呼び出すのは失礼にあたります。

受付に訪問するのは、アポイントの時間の３〜５分前くらいでよいでしょう。もし、早めに着いた場合は、受付の方には「○○部の△△様に３時にお目にかかるお約束をしておりますので、しばらくこちらで待たせていただきます」と言って受付近くで待たせてもらいます。その時、受付の方が気を遣って「△△に連絡してみましょうか？」と言われても丁重にお断りし、時間まで待たせてもらいます。

(3) 受付の方を味方にする

受付の方は、営業担当者と顧客を結び付ける仲介者です。だからこそ、受付の方を味方に付ければ、顧客との面談率がアップする可能性が高まり、敵にまわせば面談率が下がる可能性があることを十分に理解しておく必要があります。

そのため、受付での対応にも十分に注意する必要があります。まず、「失礼いたします」と言って一礼します。名刺を取り出し、「私、○○建設の△△と申します。○○部の△△様と３時にお目にかかるお約束をしております」と言って取り次いでもらいます。

受付の方から顧客のところへ連絡し案内されたら、「ありがとうございます」と言って一礼してから、顧客の待つ階や部屋に移動します。

そして、顧客との面談が終わった後にも受付の方に、「ありがとうございました。失礼いたします」とお礼を述べ、一礼して退去します。

このように、普段から受付の方への応対をきちんとしておくと、再訪問の際にも「この人はいつも来てくれる○○のお客様だな」と認識してもらい、仮にアポなし訪問の際にも、その場で営業を排除しようとせずに、仲介の労を取ってくれたりします。

(4) 応接室へ案内されたら

受付の方に応接室などへの案内を受けたら「失礼します」と言って入室します。特別な案内がなければ、とりあえず下座の席で顧客が来るまで待機しています。上座の席を案内されたら上座で待っている方がよいでしょう。「営業担当者は下座に」という常識で下座に座っていると、教育熱心な会社では場合によっては、受付の方が「なぜお客様を上座に案内しないのだ」と叱られてしまうケースも考えられます。

また、応接室で待機する際は面接者が現れるまで直立で待っているか、または着座して待機する際は面接者が現れたらいつでも立ち上がり、一礼できる状態で待ちます。

8. 商談時のマナー

営業担当者が顧客と面談し、工事について実務的な話を行う場面、すなわち実際に商談を行う際に気を付けておくべきマナーについて解説します。

(1) イスの座り方

顧客と商談する場合のイスの座り方にも、営業担当者としての座り方を考慮しなければなりません。ソファーはもちろん普通のイスでも同じですが、営業担当者としてはイスの奥まで深く腰を下ろしてはいけません。

営業担当者が席に座る時は、イスの手前３分の２くらい（奥の３分の１を余す）に浅く腰掛けます。なぜなら、イスに深く腰掛けてしまうと、顧客から見てふんぞり返った横柄な態度に見えてしまうからです。

基本的な姿勢は、背筋を伸ばし男性の場合は足は肩幅くらいに開き、手は軽く握ってひざの上に置きます。

(2) 資料の示し方

具体的な商談では、図面や企画提案書類などの資料や見積書を提示して説明する場合が一般的です。そのため、営業担当者は資料のしまい方や出し方にも工夫が必要です。

会社を出発する時には、資料はカバンの中に丁寧にしまっておきます。資料はペーパーのままでカバンにしまっておくと、四隅が折れたり破れたりすることがありますので、必ず封筒や透明ファイルに入れて持ち歩きます。こうすることで、見た目がスマートできれいな資料を顧客に渡すことができます。

資料を提示する際は、両手で資料を持って顧客に「こちらが資料でございます」と言って提示します。部分的に説明したい時は、ボールペンや人差し指で示したりせず、５本の指をきちんとそろえて手のひら側で指し示すのが礼儀です。

資料や見積書は、営業担当者にとっては、商談における企業の最大の武器となる大切なものです。決してぞんざいに扱ったりしないで、丁寧に取り扱います。

(3) 商談中の気をつけたいマナー

商談時に、次のようなしぐさを行うことは相手から見て不快な行為となりますので、慎みたいものです。

①商談中に携帯電話を鳴らす、あるいはかかってきた電話に出る

……〈商談中の携帯電話は off にするか、マナーモードとする〉

②商談中にボールペンなどでカチッと音を立てたり、同じ行為を繰り返したりする

……〈落ち着きがなく耳障りである〉

③腕や足を組むなどの行為をする

……〈横柄に見える〉

④決められた喫煙場所以外でタバコを吸う

……〈タバコを吸う時は喫煙してよい場所か確認し、「吸ってもよろしいですか」と断ってから、吸うようにする。ただし、商談中はタバコは控える〉

⑤周りに聞こえるような大きな声で話す。または大きな声で笑う

……〈周りに迷惑が掛かる。顧客が親密な話をしたがらなくなる〉

9. 電話応対

電話応対は、社会人としての基本的なマナーであり、顧客との関係構築において、重要な要素となります。お互いに顔が見えないだけに、相手の応対の様子を耳に集中して判断しており、きちんとした電話応対が求められます。時々、企業によっては不備な応対やお粗末なところが見受けられたりします。今一度基本に立ち返った、正しい電話応対を心掛けたいものです。

(1) 電話応対の基本

電話を掛けるに当たっての基本的なマナーは、次の通りです。

①電話では、相手の聞き取りやすい話し方や速度で話します。
②メモなどを用意して受話器を取り、会話は要領良く短時間で済ませるようにします。
③こちらから電話を掛けた場合は、相手に「今、お電話よろしいでしょうか」と確認を取りましょう。相手が会議中や移動中などの場合があるからです。
④無意味な「え〜」や「あの〜」の言葉は避けて、テンポ良く話を進めます。「もしもし」「はいはい」など、不必要な言葉の連発は避けて話すようにします。
⑤相手の声が聞き取りにくい場合は「少しお電話が遠いようです」とお伝えし、少し音声を大きめにしてもらい、聞き間違いのないようにします。「何て言いました？」「聞こえません」「わかりません」といった言い方は、不躾（ぶしつけ）で失礼に当たるので、注意しましょう。
⑥こちらから呼び出しておいて「少々お待ちください」と言うのは最も失礼なことなので、決して行わないようにします。
⑦電話の途中で他の人に確認するような場合は「担当の者に尋ねてみますので、恐れ入りますが少々お待ちくださいませ」と言って保留音に切り替え、こちらの会話の様子が相手に聞こえないようにします。通話を再開する場合は「お待たせいたしました」と言ってから用件の通話を始めます。
⑧相手が何かに怒って通話してきた時には、極力冷静に応対するようにし、よく相手の事情を聴くようにします。
⑨相手が目下の人や女性の場合でも、決して横柄な話し方をしないようにします。

(2) 電話のタブー

電話において決してしてはならないこと、タブーは以下のようなことです（電話に限らず、ほとんどがそもそもタブーな事柄です）。

①ぶっきらぼうな話し方、ぞんざいな言葉づかい ②不適当な言葉、差別用語、禁止用語 ③不明瞭で聞き取りづらい話し方、早口での説明 ④あいまいな話し方、優柔不断な話し方 ⑤馴れ馴れしい話し方 ⑥電話のたらいまわし、長時間の保留 ⑦乱暴な受話器の取り扱いや置き方

(3) 電話を受ける時のマナー

会社の外線電話を受ける時の手順は以下の通りです。注意点を参考にしましょう。

〈手　順〉	〈注意点〉
1. ベルが鳴る ↓	①ベルが鳴ったら、手空の人が即座に受話器を取る（2コール以内で応答する）。 ②右手でメモしやすいように、左手で受話器を取る。 ③まずこちらから先に会社名（部署名）と氏名を名乗る。 ④ベルが3コール以上鳴ってから受話器を取ったら「お待たせいたしました」とお詫びの言葉を添える。
2. 相手の確認とあいさつ ↓	①相手が名乗らなかった場合には、「大変失礼でございますが、どちら様（どなた様）でしょうか」と尋ねる。 ②相手が外部の人で「△△の○○です」と名乗ったら、「いつもお世話になっております」とあいさつをする。
3. 取り次ぐ場合 ↓	①相手に依頼された人につなぐ時は「少々お待ちくださいませ」と言ってから当人に取り次ぐ。 ②当人が不在の時は「○○はただ今席を外しておりますが、よろしければご伝言を承ります」と返答する。
4. 用談をする ↓	①用件は正確に聞き取る。 ②時々「はい」と相づちを入れながら聞く。 ③用件は正確にメモする。 ④聞き終わったら、必要に応じて復唱する。
5. 終わりのあいさつ ↓	①「失礼いたします」などのあいさつをし、先方が電話を切ったことを確かめてから受話器を静かに置く。
6. 事後対応	①伝言は責任を持って伝える。 ②約束事項、依頼された事柄は必ず実行する。 （約束通りにできない場合は、連絡してお詫びする）

第3章

商談力を強化する

1．営業に求められるコミュニケーション能力
2．ノンバーバルコミュニケーションの重要性
3．上手に聴く技術
4．上手に話す技術
5．顧客との交渉
6．顧客対応の話法
7．クレーム対応
8．顧客のタイプを知る
9．商談ステップ
10．顧客ニーズの聴き取り
11．提案営業

1. 営業に求められるコミュニケーション能力

(1) 顧客に受け入れられる営業とは

営業担当者が顧客に好感を持って受け入れてもらえるために必要な点について、以下に順を追って説明します。

①営業は顧客に好かれること

第２章で触れたことですが、営業は顧客に好かれることが基本です。まず最低限の基本的なマナー（訪問前の身だしなみ、訪問時のおじぎ・あいさつ、名刺交換、言葉づかいなど）を理解し実践して、営業担当者として礼儀正しい顧客応対をすることにより、好感を持ってもらいやすくなります。

さらに、好感を持たれる要素として作り笑いでない自然な笑顔や謙虚な態度など、ノンバーバル（非言語）（P.93「ノンバーバルコミュニケーションの重要性」/第３章-２.で詳しく解説）な部分での対応が顧客の好感度に影響します。

②営業は顧客に信頼されること

顧客に受け入れられるには、営業担当者と顧客との信頼関係も大事な要素です。第１章でも述べましたが、「会社」対「会社」の関係だけでなく、「個人」対「個人」の信頼関係を築くことが大切です。

③営業は顧客に待ち望まれること

顧客に待ち望まれるとは、どういうことでしょうか。ひとことで言えば「あの営業が来るといつも興味深い話を聞かせてくれる」「あの営業は豊富な情報を提供してくれる」という期待感を抱いてもらえることです。

そのためには、受注につながる土地や建物などの情報はもとより、顧客の業界関連の情報やトレンドなど“顧客が知りたがる情報、関心を持ってもらえる情報”などを常に入手し、機会に応じて提供していくことです。

④営業は顧客の求めているものが理解できること

営業は、顧客が何を求めているのかをタイムリーに理解できる感受性が必要です。いわゆる顧客ニーズを敏感に感じ取り、受注への橋渡しをするために全神経を集中させて、顧客との商談の中から真の要望を聴き取らなければなりません。

顧客は、最初からなかなか本音は言わないものです。本当に心を許せる営業にのみ、本音を聴かせてくれるのです。そこで、営業自身も常に顧客の本音を引き出せるように、顧客との関係づくりと商談時の営業トークに磨きをかけなければなりません。

また、営業担当者自身の感受性が鈍いと顧客がせっかく工事受注のヒントになるような情報を話してくれても、それに気付かずに会話が終わってしまうケースがあります。営業担当者自身が常に感受性を高めることと同時に、商談の中で受注のヒントになりそうな情報を探す積極性が求められるのです。

(2) 営業に求められるコミュニケーション能力

営業は、コミュニケーションが大切な仕事です。コミュニケーションとは、人間関係を大切にし、意思の疎通、情報の伝達をスムーズにすることです。コミュニケーションがうまく図れて商談が締結（受注）することもあれば、コミュニケーションがうまくいかずに失注することもあります。

①コミュニケーションの本質

コミュニケーションとは、一般的に「人と人との間で交わされる情報、またはそのプロセスをいう」と定義づけられています。

コミュニケーションがうまくとれている状態とは、下図のように情報の送り手（発信者）と情報の受け手（受信者）の意思疎通や情報伝達がうまく行われている状態をいいます。

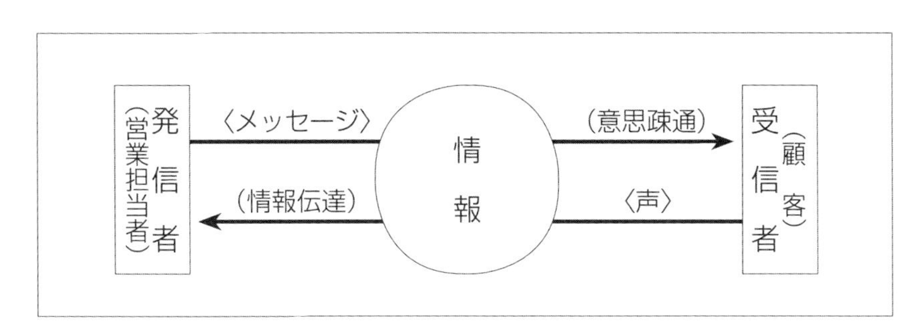

具体的には、営業活動で言えば営業担当者からのメッセージ（例えばプラン提案や見積書の内容など）が顧客にきちんと伝わり、一方では、顧客の声（例えば要望や考え）を営業担当者がしっかりと聴き取っている状況です。

②コミュニケーション能力とは

コミュニケーション能力とは、前述①の図のようにコミュニケーションがうまくとれている状態をつくり出す資質のことです。つまり、顧客の要望や考えを真摯に聴くとともに、営業担当者として伝えなければならないことを正しく伝えられる能力のことです。

そのためには、次のような能力を身に付けていなければなりません。

- 顧客と打ち解けた会話ができる。
- 顧客が何を欲しているのか、何に困っているのかを聴き出すことができる。
- 営業担当者が伝えたいことを、顧客が理解できるように伝えることができる。

顧客の求めて
いるものは…？

2. ノンバーバルコミュニケーションの重要性

顧客と打ち解けた会話をするためには、まず「顧客に自分を受け入れてもらう」ことから始めなくてはなりません。コミュニケーションの出発点は、相手（顧客）が営業担当者に対して抵抗なく話をしてくれるとともに、こちら側の話も関心を持って聴いてもらえるような雰囲気や場面をつくることです。

(1) ノンバーバルコミュニケーションとは何か

コミュニケーションは通常、言葉を交わして情報交換が行われます。このような言語によるコミュニケーションのことを「バーバルコミュニケーション」と呼びます。これに対して、しぐさや顔の表情、視線などの言葉によらないコミュニケーションのことを「ノンバーバルコミュニケーション」と呼びます。

営業という職業は、ともすると顧客との会話に重点をおいてコミュニケーションをとりがちですが、顧客に受け入れてもらって意思の疎通を図るためには、このノンバーバルコミュニケーションを十分に活用することが大切です。

(2) ノンバーバルコミュニケーションのポイント

それでは営業担当者としては、具体的にノンバーバルコミュニケーションのどのような点に注意すべきでしょうか。以下に営業担当者がおさえておくべき態度・動作、姿勢、表情などについて解説します。

①動作

からだ全体の大きな動作、立ち居ふるまいといったもののことです。営業担当者は基本マナー（おじぎ等）を通してキビキビとした活発なイメージの動作をとることが好ましいです。のそのそとおっとりした鈍い動作では、顧客に良い印象は持たれませんし、キョロキョロした落ち着きのない動作では、顧客に不審がられます。

②姿勢

からだの構えのことです。立ち姿勢や着座の際には、背筋をピンと伸ばし、商談中にはこちらの意思を伝えるために少し顧客に近づくように、やや前かがみの状態で相対するのがよいでしょう。

背骨の状態が猫背になったり、そり返っていたりすると印象が悪くなります。

また、着座中に足を大きく広げたり足を組んだりしても、顧客からは横柄に見えますので注意が必要です。

③ジェスチャー

身振り手振りのことで、言葉で語りながらその内容を手やその他のからだの動きで補う行為です。ちょっとしたしぐさもここに入れてよいでしょう。

相手の話に軽くうなずく動作は、相手の話に関心を持って聴いていることを伝えることができ、同調していることのサインとして受けとめられ、好感を持たれます。一方、髪に何度も手をやったり頬杖をつく動作は、集中力のない人と思われます。また、頻繁に大げさな身振り、手振りをすると顧客は抵抗感を示します。

人を指さす行為や、馴れ馴れしい態度は厳禁です。

④顔の表情

「人の顔色を読む」という表現があるように、営業担当者は表情から多くの情報や相手の感情の動きを察知しています。第２章「営業マナーの基本」で触れましたが、口角の上がった笑顔で接すると男性でも女性でも好感を持って受け入れられやすいところがあります。

しかし、険しい表情や能面のような感情を表に出さない顔（ポーカーフェイス等）は、顧客にとってみれば「この人は何を考えているのかわからない」といった不安や不信に結び付くこともあります。

⑤視線

「目は口ほどにモノを言う」というように、視線はノンバーバルコミュニケーションの重要な表現方法の１つです。視線は、方向と強弱という要素に気をつけます。

視線の方向として、上目づかいや常に目をそらす、あるいは流し目、下を向くなどといった行為は、顧客が不快に思ったり、自信なさげな営業担当者に見えたりします。

ではどうするかというと、視線の方向はまっすぐ顧客の目を見るのが基本ですが、長く顧客の目を見すぎるのも相手にとっては疲れるものです。そこで、ある程度顧客の目を見つつ、顧客のネクタイの結び目辺りに視線を落とし、営業担当者が説明をする度、相手の目を見て話すといった工夫が必要です。

そして、視線の強弱としては、射るような視線はすごんでいるように思われ、ぼんやりと焦点の合わない目は、やる気のなさが感じられ、どちらも好ましくありません。気をつける点は、顧客と雑談する時はやさしい眼差しで、顧客を説得したり説明を強調したりしたい時には相手の目をしっかり見すえて離さない、などのメリハリをつけるとよいでしょう。

⑥声の調子

これは言語ではなく、話をしている時の声の大きさ、声の高さ、話す速度、明瞭さ、といったものがからみ合っています。声の大きさや話す速度は、「うれしい、恥ずかしい、怒っている」など感情の起伏にそって変化するのが普通のようです。

ここだけのマル秘の情報について話をする時は小声に、逆に説得したり、強調したりしたい時には大きな声になります。顧客との商談における声は、その場面に応じた適正な大きさがあります。

また、興奮すると早口になりますが、早すぎると顧客が聞き取れないこともありますし、逆にあまりスローテンポな話し方では顧客がイライラすることにもなります。営業担当者は、状況によって話のスピードやテンポといった間の取り方を工夫する必要があります。

声の高さについては､緊張が高まるとうわずったり高くなったりしがちですが､顧客には落ち着きがなく見えます。逆に口ごもったりすると不信がられますので、注意が必要です。少し低く落ち着いた声で、明瞭な言い方が好ましいでしょう。

⑦空間

顧客との位置関係は、ふれあいや親密さに深い関連があります。顧客とどのような距離をとるか、どのような位置関係に身を置くかということは大切な要素となります。

営業担当者が顧客に対してまっすぐ正面に座ると、論理的な話をする際には有効ですが、反面、対立的な雰囲気になりやすいので注意が必要です。顧客と横並びに座ると、親しい雰囲気が保たれ気持が通じやすい傾向があります。ただし、座る位置についての主導権は顧客側にありますので､顧客の指示を待ちましょう。

⑧身なり

服装や化粧、髪型、ネイル、カバンやアクセサリーなどの装い、香水などの香りについても、人によって好感を持つこともあれば逆に嫌われることもあることを認識しておく必要があります。特に女性の営業担当者の場合には、あまり華美にならないように気を付けた方がよいでしょう。

3. 上手に聴く技術

営業担当者と顧客との会話は、営業担当者が２～４割程度を話すのに対して、顧客が６～８割と、顧客に多く話をさせることがよいとされています。基本的に人は自分の話を聞いてほしいと思っています。営業担当者が「聴く姿勢や雰囲気」を見せることで、顧客は打ち解けて話をすることができます。

(1) 積極的に聴くことの重要性

通常われわれの生活の中で“きく”という言葉には、２通りあります。「聞く」という言葉と「聴く」という言葉です。“聞く”という言葉は、自然に自分の耳に聞こえてくる受身的な意味合いです。これに対して“聴く”は相手の言葉を耳と目と心で感じ取るという、積極的かつ能動的な意味合いがあります。

顧客とコミュニケーションをとるに当たり、最初の出発点は顧客が気楽に営業担当者に話しかけてくれる雰囲気や環境をつくることです。営業担当者が、積極的に顧客の話を聴く姿勢や雰囲気を示すことによって、顧客は少しずつ心を開き、会話が弾んでいきます。

やがては、営業担当者が話したい本題（商談）に入っていき、顧客は商談にも耳を傾けて聴いてくれるような関係になれます。さらに顧客に信用され、本音やマル秘の情報まで営業担当者にしゃべりたくなるような関係にもっていけます。

この順番を間違え、いきなり営業担当者が主張したい本題に入ってしまうと、顧客は「もういい、またの機会に…」などという断りの態度を表明してしまいます。

(2) 聴くことは相手を知ること

営業担当者と顧客とは、すべてが「お互いに勝手知ったる仲」ではありません。もちろん、あなたの担当顧客にはそのような親密な関係の顧客もいるでしょうが、すべての顧客がそういう関係とはいかないはずです。

だからこそ、営業担当者は相手が何を考え、どうしたいのかを察知しなければなりません。相手を知るためにはまずは聴くことから始めます。相手に話をさせ、相手がどのような考えを持っているか、どの程度営業担当者やその建設会社に興味や関心を持っているのかを、相手の話を通してつかんでいかなければなりません。

(3) うなずきや相づちで相手の話を受け入れる

営業担当者が顧客の話を積極的に聴く場合、どのような対応が望ましいでしょうか。前節でも述べたノンバーバルコミュニケーションがひとつの参考になります。

相手の話に応じて、相手の目を見ながらうなずいたり、「あっ、そうなのですか」とか「なるほど、そうでございますね」と相づちを打ったりすることは、相手の話に興味を示していることの意思表示です。

逆に視線をそらしたり、相手の話に無反応で黙っていたりすることは、顧客に「俺の話を真剣に聴いていない」と思われてしまい、心を開いて話をしようという雰囲気には到底なりません。

(4) オウム返しで相手の話を繰り返す

明石家さんまというタレントがいます。テレビの司会者として、お笑いタレントとして不動の地位にいる人ですが、彼の番組などを見ていて非常にうまいと思うのは、ゲストのタレントに気持ち良く話をさせていることです。

例えば、ゲストの女性タレントがステージで転んでしまったというエピソードを話したとすると、「えー！ 転んでその後どうしたの？」とその発言をオウム返しにしながら、独特のトークで場を盛り上げていきます。彼の人徳もあるかもしれませんが、ゲストの方ものせられて、つい余計なことまで話をしたりして楽しんでいるふうにも見えます。

このように相手の言葉をオウム返しにすることは、「私はあなたの話を聴いていますよ」「あなたの話に関心を持って対応していますよ」という意思表示になります。これは別名、バックトラッキングと言い、相手の話に共感していることの意思表示をする手法として代表的なものになっています。

顧客との会話の中で、例えば顧客が先週の休日にゴルフに行ったという話があれば、「お休みの日にゴルフに行かれたのですか。それはよろしかったですね。スコアはいかがでしたか」というふうにオウム返しで応えるようにします。そのことで、自分が相手の話に共感していることを伝えるとともに、会話に弾みがつきます。

このオウム返しの際に1つポイントとしておさえておくべきことは、オウム返しを肯定的に行うこと（肯定的認知）によって、積極的に相手を受け入れているのです。

顧客がゴルフに行った話を出した時に、例えば「ゴルフですか。私はゴルフをやりません」という否定的な返答はしないことです。あなた自身がゴルフをやらないことが事実であっても、否定的に応えてしまっては顧客の話を拒否したのと同じ結果となってしまい、会話がそこで途切れてしまいます。

仮にゴルフをやらないにしても「先週の休日は快晴でしたから、さぞかし気持ち良かったでしょうね」と相手の話を少しでも自分自身が受け入れて共感していることをフィードバックすることで、会話がスムーズに回転するのです。

(5) 相手が何を言いたいのかを感じ取る

顧客との会話の中で、相手が何を言いたいのか真意を理解することも聴く技術の点では重要です。ここではただ聴くに留まらず、相手の意図をきちんと捉えることです。

顧客からの説明が長くなったり、話の視点がいくつか混在してしまった際には、お互いに理解し合うこと、つまりはお互いに会話の内容の合意形成ができていないと、話が次の段階に進んだ時にかみ合わないことにもなりかねません。

お互いの会話の合意形成を営業担当者の方から切り出す時に用いられる方法は“言い換え”と“要約”です。

①言い換え

“言い換え”とは、顧客の話がなかなか要領を得ない時に「これは○○ということですよね」と、相手の話から言わんとすることを読み取って、言い換えてあげることです。営業担当者がタイミングよく言い換えると、「そう、そうなんだよ」あるいは「よく理解してくれたね」と、顧客も合点がいき、正しく聴き取ってもらったことに好感を持ちます。

ただし、顧客の話を最後まで聴かずに話の腰を折り、「つまりは、こういうことでしょう」と言い換えを行うと、顧客は「この営業担当者は人の話を聴かない。無礼だ」と、かえって不快に思われてしまいますので注意が必要です。

②要約

“要約”は、特に顧客の話が長かったり、顧客がある種の意図を持って話をしているが、複雑になっている時に営業担当者が勘を働かせて、顧客の言わんとしていることを短くまとめて返すことです。

例えば、顧客から工場新築についての長い説明があり、要点が定まらない時に「今のお話をまとめますと、今回の工場新築についてのお客様の懸念材料は２点あり、第一に銀行からの融資についての決済が遅れていること、第二に来春からの新工場操業が今からの施工で間に合うかどうかということですね」というように短くまとめて返してあげると、顧客は「この営業は自分の言ったことをわかってくれている」と安心しますし、仮に返した言葉に不足な点があったとしても、顧客は「うん、それと○○の点についても気になっているんだ」と、営業担当者からの言葉に付け足しをして答えてくれるはずです。

また、顧客の意図を汲み取る会話の例をもう１つあげましょう。例えば、顧客との会話の途中で、話題が顧客の上司である専務の話になった時に、急に顧客が困惑した様子になり、営業担当者としては、「もしかしたら、専務は今回の工場建設に反対しているのかもしれない」と感じる部分があったとしましょう。

このような場合には、顧客に「どうもお客様のお話からしますと、今回の建設計画に専務はあまり乗り気でないようですね」と切り出してみると、「いやその通りで、実は専務が今回の件は消極的なんだ。どうやって説得しようかと思っていたところなんだよ」というように、自分の心情を察してくれた営業担当者に、顧客はきっと好意を持ってくれるようになります。

4. 上手に話す技術

営業担当者は顧客との会話を通して、自分のメッセージを相手に伝えなければなりません。自分の伝えたいこと（工事受注のための会話）を顧客に理解させて、はじめて商談活動が促進できたことになります。

(1) 話をするための準備

「備えあれば憂いなし」という言葉がありますが、顧客と商談をする前には、事前にどのような話をするのかをあらかじめ準備しておくことが大事です。出たとこ勝負で話に入るのは、例えば工事担当者が図面もなしに工事に着手するようなものです。

話すための準備事項としては、主に次の点をおさえておくべきです。

①話の本題や目的を明確にする

営業担当者が顧客に対して何を話したいのか、あるいはどのような提案をしたいのか、商談の本題や目的をあらかじめ明確にしておきます。案外、目的なしに顧客に表敬訪問と称して訪問している人が多くいます。顔つなぎと考えれば決して悪いことではないのですが、何も考えずに訪問するのと、前もって訪問目的を検討して訪問するのでは、顧客と面談した際に結果が大きく異なります。

②話の組み立てを考える

顧客に会った際に、どのような内容や組み立てで話を進めるかをあらかじめ検討しておきます。どの顧客に対しても、ある程度共通で話をする場面（初回訪問時の会社案内等）では、「標準話法」といって前もって枕詞（まくらことば）のように話す中身をパターン化して固めておくことも必要です。

また、難しい説明や込み入った話をする場合は、まず全体の概略を説明し、それから主題に移るといった順序立てた説明も必要です。

③説明資料を用意する

事前に話をする中身について準備をしておくと、必要に応じて説明資料を用意した方がよいということに気が付くこともあります。つまり事前に話をするための準備を行うということは、事前に「どのような説明資料が必要か」ということがわかり、実際の顧客の前であわてたり、つまずいたりすることが少なくなり、思い通りの商談が行えるようになります。

④顧客のマイナス反応に対する対策を考えておく

例えば、見積書を持参したところ「他社より高いね！」と顧客から言われたり、賃貸マンションを提案に行ったところ、顧客から「周りの家賃相場からいって、こんな高い家賃で部屋が埋まるのか？」などと言われたり、顧客からマイナス的な反応がある場合があります。このような顧客からのマイナス的な反応については、どのような返答（応酬話法という）を行うのかをあらかじめ想定しておくことが大事です（P.113「断りの切り返し基本型」参照）。

(2) 話の展開のポイント

顧客との具体的な会話に入った際には、どのような点に注意するとよいでしょうか。いくつかのポイントをご説明します。

①順序立てた説明

事前に準備した話の組み立てに基づいた説明を行います。その際には、話の冒頭に「本日はご説明したい点が３点あります。まず１点目は○○、２点目は△△、そして３点目は□□です」というように、最初に話したいポイントを大まかに説明します。このようにすれば、だらだら話が長引いて顧客に「いったい何を言いたいんだ」というような悪い印象を持たれずに済みます。

この場合の要点は、３点から多くても５点くらいに絞るべきです。６点以上になると、顧客の方は総花的な説明と受け止めたり、理解不足で終わる危険性があります。

②相手の話に注力する

ともすると自分の話をしたいがために、顧客の話にほとんど耳を傾けない営業担当者がいますが、それは最もまずいことです。相手と会話することの基本は、まず相手（顧客）の話や要望をよく聞く（聴く）ことです。顧客は常に自分の話を聴いてもらいたいという願望を持っています。人の話の腰を折るような会話では、顧客にストレスを与えるだけで決して良いことはありません。

また、顧客の話をよく聴いていないと顧客の質問や問い合わせに対して的外れな受け答えをしてしまいます。営業担当者の一方的な独り善がりの話では、顧客は耳を傾けてくれませんし、顧客との良好な会話が成立しません。顧客の話に合わせて話すことが大切なのです。

③相手の身になって話を進める

上記②の顧客の話に注力するということは、裏を返せばそれだけ相手の立場を理解しようとすることです。例えば相手が購買担当者であれば購買担当としての立場があり、仮に営業担当者が見積書を提出した際に額面通りすんなりＯＫした場合、上司（購買担当者）から「何で簡単に業者からの見積りを通すんだ」と言われかねません。たとえ一応見積金額に納得しても、簡単にＯＫとは言えない事情があります。

このように、相手の立場などでの心理状態も考えながら話を進めていくことが大事です。逆に言えば、顧客が立場上、どのようなことを知りたがっているのか、あるいは重要視しているのかなどを顧客の身になって想像しながら話をすると、より効果的な会話となります。

④相手の理解しやすい言葉で説明する

ゼネコンの下請工事のように、相手が建設のプロである場合は顧客（元請会社としてのゼネコン）との専門的な会話でかまいませんが、相手が建設の専門知識を持たない法人企業の担当者であったり個人の顧客であったりした場合は、あまり技術的な話をすると理解されないことがあります。このように建設工事について詳しくない顧客は、建設業者に専門的な部分を任せる傾向があります。

しかし、このような顧客も建設業者に全面的に“お任せ”してはいるわけではないのです。相手が知らないからといって詳細の説明を省いたりすると、後になって「自分の思い描いていたイメージと違う」などと、かえって専門外特有の苦情が発生することも起こりえます。

ある専門工事業者が個人の家の駐車場をコンクリート打ちして施工したところ、「クラックが発生している」と苦情を言われ、すべて打ち直しをすることになったというケースがあります。

営業担当者は、その道のプロとして専門知識を持たない顧客にはなるべく専門用語を使わないで、理解しやすい言葉で丁寧な説明を心掛けることで、信頼と安心を得ることができます。

⑤話のテンポを相手に合わせる

顧客との会話は早口の方がよいのでしょうか、それともゆっくりの方がよいのでしょうか。実際のところは、相手との会話の状況に応じてテンポを合わせていくべきで、ケースバイケースと言わざるをえません。

例えば相手に時間の余裕がない場合は、要領よく手短に話をしないといけません。また、税金や銀行借入の際の金利計算に関する話など、顧客がじっくり聞かないと理解できないような内容であれば、ゆっくりと噛んで含めるような説明が必要です。

話をする時に言葉の端々に、「え〜」や「あ〜」などの言葉が交じったり、言葉と言葉の間があまりに間延びしたりするのも相手にとって聞きづらくなります。

結局のところ、相手の話に応じた適度なテンポや間の取り方で話を進めることが一番望ましいでしょう。

⑥比較を効果的に使う

使用材料を説明する時に「とても安価な材料ですよ」と説明するのと「従来品の３分の１のコストで済みます」という説明とでは、どちらに説得力があるでしょうか。

営業として自社商品を説明する時は、何かを効果的に比較して説明すると説得力が増します。そのためには、違いが明確にわかるように環境や条件を同じにしたり、定量的な数値で表すなどして、比較した際の優位性を相手に理解しやすくします。

また、顧客がイメージしやすいように誰もが知っている（わかる）事例で話をすることも大事です。

⑦筋道を立てて話をする

特に商談の中で顧客を説得すべき場面では、筋道を立てた説明をしないと、相手に「それでは当社としてはＮＯです」とかわされてしまいます。筋道を立てた話とは、論理的に正しく、顧客にとって理解や納得のいく説明ができているということです。

顧客に対する説明の中で「他社の建物よりも、とにかく耐久性に優れます」と説明するよりも「この建物の耐久性の特徴は○○の点にあります。なぜなら、他社の製品では△△のような弱点がありましたが、当社ではその点を□□を使って克服しました」というように、根拠立てて明瞭に説明することで相手の納得感が違ってきます。

また、必要に応じて実験記録などの数値データやグラフ、写真などのビジュアルを使って訴えていくことも説得力を増す手段です。

5. 顧客との交渉

(1) 交渉のマネジメントとは

①顧客との交渉をマネジメントする

顧客や設計事務所との交渉は、自分と相手との利害調整を行い、最終的な双方の合意形成をみるプロセスをいいます。合意形成に当たっては、お互いに利益を得られる「ＷＩＮ・ＷＩＮの関係[1]」がベストといえます。

交渉を有利に展開するためには、マネジメントサイクルの流れに沿って進めていくことが重要です。具体的には、次のような流れとなります。

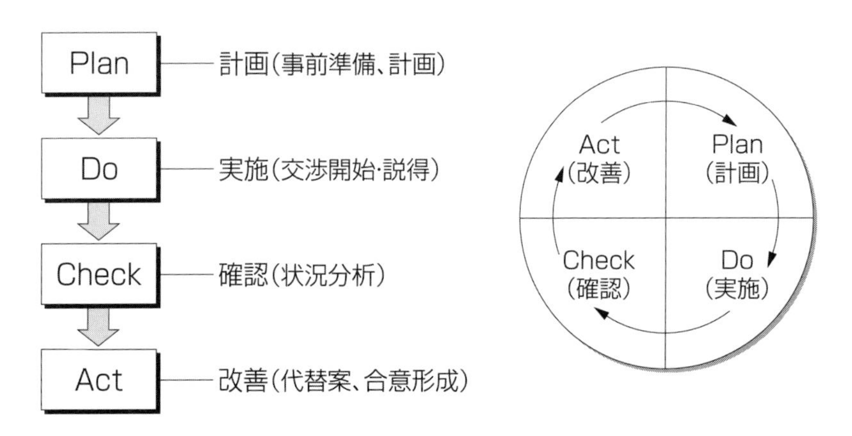

顧客（相手）との交渉ごとを制するには、相手をリードする主体的な商談の展開を図るなどの、能動的な行動が欠かせません。そのような意味でも、十分な計画に基づく交渉展開が重要となるのです。

---

1. **WIN・WIN の関係**：両者ともに得をすることで、より緊密で親しい関係を築ける関係のこと。

②交渉のマネジメントサイクル

交渉というものは、事前準備なしに行き当たりばったりで臨んでいては、思うような結果は決して得られません。

事前に十分に準備をして、計画的にポイントをおさえながら実施して初めてうまくいくものです。

顧客との交渉でポイントとなるのは、交渉の結果で得られるアウトプット（目標）を明確にすることです。

交渉をマネジメントする際には、PDCA のマネジメントサイクルに沿い、交渉プロセスを計画的に進めていくことによって、目標とするアウトプットに導いていきます。次で詳しく説明していきます。

(2) マネジメントサイクルを回す

①P-計画

●交渉の目的・目標を明確にする

今回の交渉でどのような条件を引き出すのか、その目的・目標を明確にします。この目的・目標が明確であれば、話が脱線したり交渉が長引いたりするなどの非効率な働きかけにはなりません。

交渉相手との意見や感情、利害等が衝突し、双方が対立した状態のことを専門用語ではコンフリクト（conflict）といいます。

営業担当者は施主・発注者などの顧客、設計会社、土地の所有者等の様々な相手との交渉に際してコンフリクトが何であるのかをまずは明確にしてから、交渉の作戦を立てていかなければなりません。

●交渉のための情報を収集する

交渉するに当たっては、背景となる情報を十分に収集します。孫子の兵法に「彼（敵）を知り、己を知れば百戦殆うからず」という言葉があるように、自分サイドの情報はもとより、可能な限り相手の情報を多く収集・分析することで、相手の出方や反応が予想しやすくなり、交渉をより有利に展開することができるようになります。

情報収集に当たっては、５Ｗ２Ｈで検討するとよいでしょう。

- **Who（誰に）：**交渉相手の企業、担当者（窓口）、意思決定権者、キーマン、その他利害関係者（個人に限らず所属している部署の組織内の位置付けや相手の会社組織の風土、特性、業界環境まで把握できるとよい）
- **What（何を）：**交渉の内容、テーマ
- **Why（なぜ）：**交渉の目的、目標、課題
- **Where（どこで）：**交渉の場所
- **When（いつ）：**交渉の日時、期限
- **How much、How many（いくらで、どのくらい）：**交渉の合意基準（金額、数量、支払い条件等）

●交渉のプランニング

交渉に当たってのプランニングは、例えば演劇の俳優がシナリオに基づいてセ

リフを話すことと同様に、交渉相手の出方をあらかじめ予想しながら、交渉の話法を準備することです。

プランニングは、事前の交渉シミュレーションとなります。プランニングの段階である程度、相手の考えを推測し話法を考えておくことは、将棋や碁の棋譜のように、自分サイドの手に相手をいかに導いていけるかが交渉の優劣を大きく左右することになります。

アプローチの方法としては、事実に基づく論理的な交渉アプローチと相手の心情に訴える感情的なアプローチがあり、交渉の際はこの両方をバランス良く表現することが大切です。

論理的なアプローチの場合にＤＥＳＣ法という話法展開があります。これは、自分の要望を相手に伝える際に次の４つの段階に分けて伝えることで、相手の納得を得やすくするための方法です。相手の価値観を引き出し、自身の考えを相談し、解決策を探るような場面に有効といえます。

Ｄ＝Ｄｅｓｃｒｉｂｅ（**事実の描写**）
現在の状況を描写する

Ｅ＝Ｅｘｐｌａｉｎ（**気持ちの説明**）
今の気持ちを説明する

Ｓ＝Ｓｐｅｃｉｆｙ（**提案のお伺い**）
相手が受け入れやすいよう、相談を持ち掛けるように提案する

Ｃ＝Ｃｈｏｏｓｅ（**結論の模索・選択**）
相手の意見に合わせて選択をする

それでは実際のＤＥＳＣ法を使った交渉場面を次にご紹介します。

ゼネコンＡ社の１次下請業者であるＢ社が、Ａ社からの発注でＤ市の土木構造物工事でのコンクリート打設の作業を行ったところ、コンクリート打設後にクラックが発生してしまいました。Ｂ社の営業担当者ＣさんはＡ社の本社工事部長からＢ社の施工不良とのクレームを受けてしまいます。Ｃさんは工事に当たった担当者からも話を聞き、Ｂ社には責任がないという結論でＡ社の本社に乗り込んでいきます。下表の左列は感情の赴くまま発言した場合、右列はＤＥＳＣ法を活用した発言の場合です。顧客であるＡ社の工事部長の側に立った時にどちらの発言の方が相手の話に冷静に耳を傾けられるでしょうか。

＜営業担当者Ｃさんの A 社工事部長に対する発言＞

	感情的な発言	DESC法による発言
D（事実の描写）	D市の工事現場で起きたクラックが、うちの施工不良とは何ですか。おたくの所長が「散水などの打設後の養生は自分のところでやる」と言うから、うちはコンクリート打設だけ請け負って、一晩かけてちゃんとやりましたよ。	D市の工事現場で発生したクラックの件ですが、当社の工事担当者に確認したところ、対象現場の取り決めにおいて、当社の施工範囲はコンクリート打設までで、その後の養生は御社にて行うとの事でした。 当社の工事担当者は御社の所長立会いのもと○月○日の午後から翌日の朝までかけて、作業指示通りのコンクリート打設を行い、その後の散水などの養生は御社にお任せする形で作業を終了しました。
E（気持ちの説明）	おたくが打設後の養生をきちんとやらなかったからこうなるんです。 どうせ下請のやることだから何か問題があると決め付けているんでしょう。	私どもとしましては、クラックの原因が打設後の養生にあったのではないかと推察しております。
S（提案のお伺い）	おたくの所長にきちんと確認してください。	今一度、コンクリート打設とその後の現場での対応につきまして、担当の所長にご確認いただけないでしょうか。
C（結論の模索・選択）	とにかく、今回の工事については、うちには一切非がありませんからね。	それでも、もしご不明な点があるようでしたら、部長と所長、私と工事担当者の4人が集まり、改めて協議の場を設けてはいかがかと思います。

②D-実施

●交渉のポイント

交渉を進めるに当たり、相手を説得するためのいくつかのポイントを紹介します。

・**a．交渉相手をよく観察する：**交渉相手をよく観察すると、相手の表情やしぐさなどで気難しい人、内気な人、陽気な人など性格や気質について、うかがい知ることができます。交渉相手の性格を知ることは、相手の心理を読んだり相手の好ましい考えを理解したりするのに役立ちます。

・**b．交渉相手の問題点や課題を分析する：**交渉相手の問題点や弱点、あるいは企業として抱えている課題などについて、事前の情報収集や相手との会話などを通してつかむことにより、問題点や課題解決の分析が図られ、交渉の中でのお互いの合意の糸口が見えてきます。

・**c．私見と事実を区分する：**会話の中でいろいろな意見が交わされ、相手の個人的意見（私見）と事実関係が混同してしまうと、収拾がつかなくなる危険性もあります。
例えば「手直し工事に大勢の作業員を動員した」という話が会話の中で出た時に、「大勢とはどのくらいの人数でしたか？」と、事実関係を確認する質問を投げかけ、正しく把握しておきます。

・**d．話が発展するような開かれた質問を効果的に使う：**例えば「私どもの見積りは他社と比べて高いですか、安いですか？」という質問は、相手に答える範囲を限定する閉ざされた質問となり、発展性がありません。
一方「購入に当たり、価格以外で重点をおかれているものは何でしょうか？」などのように、「ＹＥＳ、ＮＯ」で答えられない開かれた質問によって、その後の交渉の展開を広げていくことにつながります。

・**e．相手の言葉を繰り返す：**相手の発言に対しオウム返しに「今おっしゃったことは○○ということですね」と相手の言葉を繰り返し発言して確認することにより、交渉の内容を整理するとともに、相手の話への理解を示すことで、相手に「自分の話に共感してくれた、わかってくれている」と好意的に受け止めてもらえ、交渉をスムーズに行う潤滑油的な効果があります。

●説得のポイント

交渉プロセスの中では、相手から反対意見や受け入れ困難な条件を付けられたり、双方の利害がぶつかる場面がたびたび出てきたりすることもあります。そのような時に、こちらの希望を相手に認めてもらうための説得手法のいくつかのポイントを紹介します。

・**a．Ｙｅｓ，Ｂｕｔ法で反撃する：**相手の反対意見に対し、いきなり「それは違います」と、まともに意見をぶつけては、相手の感情を逆なですることにもなります。そのような時には「Ｙｅｓ,Ｂｕｔ法」の話法を使います。
反対意見に対しては、まずは「おっしゃる通りですね」と軽く受け止めます。その後に「しかしながら、○○の点では当社の方が優れております」と相手の意見に理解を示しながらも、こちらサイドの反論を上手に展開していくことで、相手の感情を害さずに交渉を進めていきます。

・**b．相手の心情を巧みにつく：**相手の心情に訴える説得方法とは、「こういうことであれば仕方ない」と相手に思わせるような感情を最大限に活かす手法です。例えば次のような表現です。
○泣きつく…「そんなご無理を言わないでください」
○恐怖に訴える…「これ以上交渉が長びくとお店のオープンが間に合いませんよ」
○気持ちを盛り上げる…「社長、これでいきましょう。イヤーよかったですねー。いい買い物だと思いますよ」
○相手に共感する…「社長も苦労されたんですねー。本当に頭が下がります」

・**c．利益に訴える：**交渉の定石はお互いの利害を一致させることであり、言い換えれば相手の利益に結び付くことが交渉成功の決め手となります。どうすればこちらの条件が相手の利益につながるかを考えながら交渉を進めていけば、交渉が良い方向に展開していきます。

・**d．事実を積み上げる：**例えは悪いのですが、刑事が犯人を自白に追い込む時には、事実を積み上げて動かぬ証拠や供述の矛盾点をつくことで、犯人は言い逃れできなくなるのです。
交渉の中で事実関係をきちんと整理して「先月の打ち合わせでは、○○の件は御社で行うというお約束でしたよね？」などと話すことで、相手を「仕方ないか」という方向に導いていきます。ただし、あまり事務的な言い方をすると感情的にしこりが残る危険性があるので、要注意です。

・**e．根拠を追求する：**相手の話の中で、反対意見や自分に不利な条件を突きつけられた時は、根拠を徹底して追及することによって、相手の意見の中に矛盾点や事実と異なる部分が出てくれば、それを突破口に交渉を有利に運べる可能性が出てきます。
その場合は「どのような理由から、そのような条件でなくてはならないのですか？」などと、事実を確認する質問を多用することが効果的です。

・**f．妥協する：**交渉決裂を避けたい場合は相手の条件をすべて飲むのではなく、お互いに合意できる妥協点を見つけ折衝します。例えば、以下のような手法です。
○相手の面子を立てる
どうしても値引きなどの条件を飲まないと相手の担当者の顔が立たない場合は、ある程度可能な範囲で相手の条件を飲むことで、先方の担当者の面目が保たれることがあります。
○半分負ける
お互いに主張が平行線の場合は、お互いの主張の真中（いわゆる間を取る）で妥協点を取るようにし、相手との合意を図ります。

③C-確認（交渉課題の分析）

交渉の中でお互いに合意形成が図れない要因は何かをきちんと整理し、問題解決に結び付けていかないと双方の合意に至りません。交渉課題を明確にするに当たっては、次のステップで考えましょう。

- **a．交渉の障壁となる項目を明確にする：**契約時の交渉であれば、請負金額、支払条件、着工時期・引渡し時期等の交渉に当たっての障壁となりうる項目を洗い出し、明確にします。
- **b．項目ごとの優劣と問題点を洗い出す：**交渉の障壁となる項目の中で、項目ごとに優劣を付けます。優劣を付ける目安としては、下記の２点をポイントとします。
  ○交渉上、重要な障害となっているものは何か。
  ○これまでの交渉過程でお互いに合意できている項目、できていない項目はどれか。
  　また上記の優劣と合わせて、項目ごとに障害となっている問題点を洗い出します。
- **c．課題を明確にする：**項目ごとの障害となっている問題点をふまえて、ギャップを埋めるための課題を明確にします。
  この課題を明確にする際には、単に問題点の裏返し（例：価格が高い→値引き）とするのではなく、問題点の発生した背景を理解して、その問題点の真の原因をつかむことにより、本当の課題を明確化することができます。

④A-改善（代替案の提示）

交渉の障害となっている課題をふまえて代替案を提示することにより、交渉相手と合意形成できる範囲が広がってきます。

代替案はなるべく１つの項目に対して最低２つくらいは用意できるとよいでしょう。交渉の過程で「この代替案で価格がネックとなるようであれば、さらに材料メーカーを○○にすれば同等品で何とかご希望の予算に納まります」などと相手の意見や提示条件に応じて、複数の代替案をあらかじめ準備しておくことにより柔軟な対応ができます。

6. 顧客対応の話法

(1) 断りのメカニズム

① 3つの断りの理由

顧客は、一般的に購買することにはそれほど抵抗がない場合でも、営業担当者に強引に営業され、押し付けられて購入するという状況は好みません。

顧客の断りの理由として「ア．虚偽の断り」「イ．形式の断り」「ウ．真実の断り」の3つがあるとされています（下図参照)。この「ア．虚偽」と「イ．形式」の2つの断りは建前上の断りで、面倒なので本当の理由を述べずに何とか営業担当者に帰ってもらおうと嘘をついたり、うわべだけの形式的な断りであったりして、その場を取り繕おうとするものです。そのために、顧客の発言は抽象的であり、言葉と表情・動作が一致しない場合があります。

これに対して、「ウ．真実の断り」は、まさに本当に購入できないことを述べているものであり、顧客の発言が具体的で表情・動作が一致しています。そのために、断りの理由がはっきりわかれば、対処方法も考えられます。

＜断りの理由と断りのタイプ＞

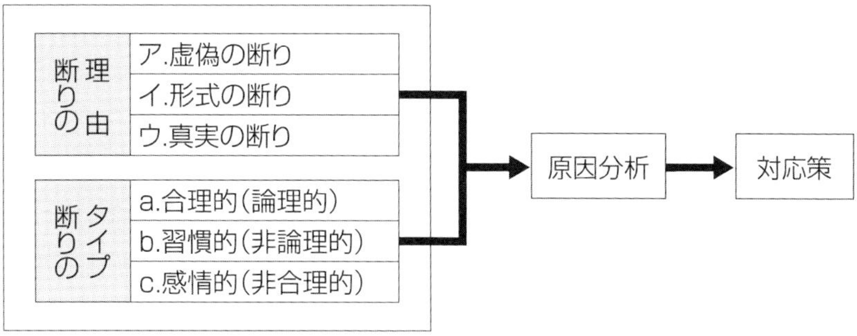

断りの理由	ア.虚偽の断り
	イ.形式の断り
	ウ.真実の断り
断りのタイプ	a.合理的（論理的）
	b.習慣的（非論理的）
	c.感情的（非合理的）

→ 原因分析 → 対応策

② 3つの断りのタイプ

断りのタイプとして、「a．合理的（論理的)」「b．習慣的（非論理的)」「c．感情的（非合理的)」の3つのタイプがあるとされています。（上図参照）

「a．合理的（論理的)」の断りのタイプは、予算（価格)、支払い条件、過去の施工実績等の具体的な内容の断りが多く、上記①の「ウ．真実の断り」によく使われ、契約の駆け引きの条件として用いられる場合が多くあります。

次に、「b．習慣的（非論理的)」は、営業担当者への抵抗感（強引な営業を迫られる恐れ）から自己防衛的に断るもので、ある種の反射的な対応で「今のところ工事は考えていない、他社との付き合いもあるので…」など、最初の面談の時によく使われる儀礼的な断りです。
「c．感情的（非合理的）」は、顧客が多忙なためタイミングが悪い、営業担当者の対応が気に入らない、顧客の短気で神経質な性格によるもの、などの理由によりひとまず断ってくるものです（断る明確な理由がない場合も少なくない）。
このように、顧客の断りのタイプがつかめれば、次の手立ても考えられます。

(2) 顧客からの断りへの対応

商談の中では、必ず一度は顧客のマイナス的な意見として断りや断りに近い返答があるのが普通です。「断られてから営業が始まる」という言葉があるように、営業担当者は断りをクリアして、受注・契約の段階に入ります。
顧客の断りは、営業担当者の対処方法によって商談をスムーズに前進させることができる場合もあれば、その時点で交渉が断ち切れてしまう場合もあります。顧客の断りに対していかにうまく切り返して、商談を継続させていくかが重要になります。
次の図「断りの切り返し基本型」を修得し、実際の商談で活用できるようにしておく必要があります。また、頻繁に出てくる断りに対しては、事前に返答するパターンを考えて用意しておくことも大切です。

＜断りの切り返し基本型＞

基本型	内　容
①直接法	顧客の断りの言葉をそのまま切り返しに利用する話法 例：「それですからこそ…………」 ■直接的な断りの切り返し方となり、強い印象を与えるところがある。
②逆転法	顧客の断りを一度肯定し、その後で切り返していく話法 例：「確かにおっしゃる通りです。しかし…………」 ■顧客の断りを受け入れてから切り返す点で抵抗感が少ない。
③質問法	断りの内容が抽象的である場合などは、質問を投げかける話法 例：「どうしてでしょうか…………」 ■しつこい感じを与えるところもあるが、顧客の具体的な内容をつかむためには重要。
④否定法	顧客の断りを正面から論理的に否定し、説得する話法 例：「とんでもございません。実際は…………」 ■「①直接法」以上に強い切り返し方になる。断りの原因が、誤解や歪曲し解釈されている場合などで使う。
⑤黙殺法	断りに対して直接切り返さず話題を変える話法 例：「それはともかく、先ほどの…………」 ■断りを無視するのではなく、一時いなしておいて別のことに話を向けて、後で切り返しをする。
⑥資料転換法	断りを資料やデータを用いて切り返していく話法 例：「そのことでしたらこのデータにもありますように…………」 ■説明、説得の材料として、資料やデータは必ず準備しておく。

(3) 効果的な説得方法

営業担当者として最終的に受注締結に持っていくためには、顧客を説得する技術が必要となってきます。以下の７つの説得方法（図表参照）は、顧客を説得する際に有効な手法といえます。これらの方法を活用して、受注・契約に向けて確実に前進しましょう。

<説得方法>

説得方法	説得の内容
①観念的説得法	夢を抱かせる言葉を並べる。 例:「今、最も新しいタイプのマンションをご紹介します」 「この設備をごらんいただいたお客様には、大変ご満足いただいております」
②威光的説得法	その分野の専門家や著名人も賛同していることを示し、安心感を与える。 例:「○○大学のA教授も、この△△工法については絶賛しているように……」
③行動的説得法	人の心は他人に映り、また行動を通して映し出される。その心理に対応する。 ・高価さを示すには、ゆっくり落ち着いた素振りで振る舞う。 ・丈夫さや耐久性を示すなら、少々手荒に扱う。
④直接的説得法	お客様に適していると判断した内容を、言葉で断定的に質問する話法。 例:「工期は年内完工でよろしいですね」 「ご覧ください。質の良さがご理解いただけるでしょう」
⑤肯定的説得法	常に「○○が良いですね」「興味・関心ありますね」と肯定的な答えが返ってくるように質問をしていく。 例:「AとBとではどちらがお好きですか」 「これのどこに興味をもたれましたか」
⑥所有連想説得法	購入し、所有することによって得られる満足を言葉に表す。 例:「最初はリニューアルに迷われたお客様も、お引き渡し後は、この省エネシステムのファンになられました。というのは……」
⑦危機的説得法	人にはつねに何らかの疑問や不安があり、それに対して修正したいという気持ちを持っている。その心理に対応する。 例:「以前はよくそのような不安を耳にしました。しかし今では……」

(4) 商談締結技法

商談の最後として受注に結び付けることを、商談締結（＝クロージング）といいます。営業担当者にとって最も緊張する場面であり、どのように顧客に決断させていくか苦労の多いところです。

以下（図表参照）に、代表的な商談締結技法を紹介します。ただし、いずれの締結技法も一長一短があるため、顧客の状況をふまえながら使い分けていく必要があります。

＜商談締結技法＞

締結技法	技法の内容
①推定承諾法	自社に発注するかしないかは、まだ確定していないが、当然自社に発注してくれるものと推定して話を進めていくやり方です。したがって、支払方法や引渡し予定日などの話に移っていきます。 例：「来年３月お引渡しであれば、月内に基礎工事に着手したいと思いますので……」 ■推定承諾法は、顧客の迷いをこちらで決め込んでいくことからやや強引さもある。
②肯定的暗示法	利点や利益になることを1つひとつ確認してイエスを積み重ね、その結果として契約や購入に結び付けていく方法です。 例：「まず工事の引渡し時期について確認いたしますが、競合店に対抗して10月中の完成でよろしいですね」 ■最もオーソドックスな締結技法で、このように進めていった場合は、クレームやキャンセルが少ない。ただし、オーソドックスな技法だけに時間がかかったり、優柔不断な決断力のない人には振り回されるケースもある。
③結果指摘法	自社と取引すればどのような利益が得られるか、取引をしないとどのような不利益があるかを指摘し、今が取引すべきタイミングであることを強調します。 例：「当社は創業以来、寺社建築を数多く手がけており、他の施工ノウハウを持たない業者に発注すると品質を含めて細かな点で行き届かないことが多いようです」 ■説得の仕方が得か損かに焦点を当てているのでわかりやすい。ただし、多少の強引さが見られ、意志の強い人には反発を感じさせる場合もある。
④二者択一法	「①推定承諾法」と同様に、自社に発注することは決まっているものとして話を進めていきます。これから決めなくてはならないことは、建物の仕様など細部についてどちらにするかの問題だけと認識させて進めます。 例：「さて、床材のメーカーですが、Ａ社になさいますか、それともＢ社になさいますか」 ■商談のテンポがスムーズに進むことから取り組みやすい点もあるが、若干強引さがある。

7. クレーム対応

(1) 顧客クレームの捉え方

顧客満足を追求するには、顧客が何に満足し、何に不満を抱いているかをしっかりと把握することが必要です。不満には、「クレーム」と「コンプレイン」があります。

クレームは、顕在化した不満のことで、例えば「雨漏りがする」「設備が稼動しない」といった顧客の大きな不満が表面化したものです。コンプレインとは、ちょっとした不満のことで、建築工事においては、例えば顧客から「水道の蛇口が固い」「フローリングが床鳴りする」といったたぐいの、それほど深刻ではない不満のことです。

クレームとコンプレインには、次の図のような関係があります。

＜クレームとコンプレインの関係＞

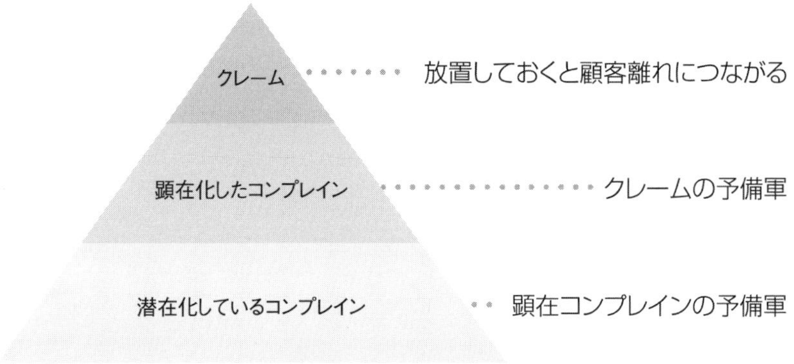

クレーム・・・・・・・放置しておくと顧客離れにつながる

顕在化したコンプレイン・・・・・・・・・・・・・・クレームの予備軍

潜在化しているコンプレイン・・顕在コンプレインの予備軍

コンプレインはいたるところで発生しており、顧客自身もそれに気が付いていないケースも少なくありません（潜在化しているコンプレイン）。しかし、コンプレインを放置しておくとクレームにつながる確率が高く、クレームの予備軍となるものです。

また顧客の要望は、顕在化したクレームではなくコンプレインの中に将来的なクレームとして潜んでいることも少なくありません。

このようなことから、顧客の潜在的な不満をいち早くキャッチし改善を行うことで、顧客の満足度を高めることができます。

クレームへの対応は、後処理型であり問題対応型といえます。一方、コンプレインへの対応は、前倒し型であり提案型であるといえます。顧客満足を高めていくためには、クレームが発生してから対応に追われるのではなく、顧客のコンプレインを早めに正確につかみ、積極的な提案をしていくことが大切です。各建設企業においては、コンプレインの段階で前向きに対応できる企業体質や社内体制をつくっておくことが望まれます。

(2) 顧客クレームにおける不快感を抱かせない会話

クレームに対しては、自社サイドの立場や都合で顧客対応をするのではなく、相手の立場に立った対応や会話が必要です。次のような点を参考にして、心のこもった言葉で対応しましょう。

①誠心誠意対応する

「申し訳ありませんでした」と謝意を表すことになりますが、その言葉が本心から出ている言葉なのか、心がこもっていない形式的な言葉なのかは、顧客に伝わってしまうものです。次のような点に注意します。

- **理屈で勝とうとしない**
  理由いかんにかかわらず、常に顧客が正しいと考えることが基本です。
- **効果的な質問で事実確認を行う**
  クローズ質問とオープン質問を使い分けて、事実の確認を行います（P.130「顧客ニーズの聴き取り」/第３章-10.参照）。
- **相づち１つでもリアクションは重要**
  無言、無視は顧客を怒らせるもととなりますので、態度や動作も含めてお詫びの姿勢を示します。

②卑屈（ひくつ）な態度や安請合いをしない

必要以上にへりくだった態度や卑屈な態度はとらないようにします。また、その場で安易に顧客の要求を受け入れるのは避けましょう。反感を買ったり不信感を与えたりすることになります。

③専門用語を使わない

難しい専門的な説明は誰でもできます。難しい話を平易に説明するのがプロです。専門用語やカタカナ語の乱用は慎みましょう。

④顧客がカチンとくる言葉を使わない〈クレーム禁句集〉

顧客の反感を買うような言葉には要注意です。分譲マンションのアフターサービスを例に、顧客クレームについての「禁句」をあげておきますので参考にしてください。

・逆説的な言い回し
「いつ頃修繕してもらえるの」→
（×）「来週中には修繕しますけど…」
「風呂場の方も見てもらえますか」→
（×）「台所が終われば、風呂場も見るつもりですが…」
・他人ごとのような言い回し
「水モレして困ってるんだよ」→
（×）「そうですか、申し訳ありませんでした」
「アフターサービス約款（やっかん）にはこう書いてあるじゃないですか」
→
（×）「わかっていますよ」
・雑な言い回し
「不具合をきちんと調べてくれませんか」→
（×）「一応調べてみます」
（×）「たぶん大丈夫だと思います」
（×）「ちょっと調べておきますよ」
・顧客の知識や能力を問う言い回し
「修繕には費用がかかるんですか」→
（×）「アフターサービス約款にある保証期間をご存じないんですか」
「それが不具合の原因だったんですね」→
（×）「これでおわかりいただけましたか」
・責任を回避する言い回し
「どう責任を取るんですか」→
（×）「この件だったらウチでなく管理会社に言ってください」
・曖昧な言い回し
（×）「後日伺います」
（×）「そのうち臭いがなくなりますよ」

⑤クレームには肯定的な表現で対応する

「……はできません」という否定的な表現よりも、イエス・バットやイエス・アンドで顧客の言い分に理解を示す対応が大切です。

「部品を交換してくれないか」→
（×）「いいえ、それについてはできません」
（○）「はい、お客様のおっしゃる通りです。ただし、部品交換につきましては、□□の制約がございます」

⑥クレームの原因は顧客の言い分をよく聴いてから説明する

相手の出鼻をくじくようにいきなり原因の説明に入ると、顧客には言い訳にしか聞こえないものです。まず、顧客の言い分をじっくり聴いてあげましょう。

⑦事例をもとに説得する

理詰めで説得するよりも、実例や起こりそうな想定に基づいた説明の方が説得力が増します。

（○）「先週も同じ築年数のマンションで□□の不具合がありまして、その原因は△△によるものでした」

⑧損得勘定を上手に活用する

コストだけでなく、時間や心理的な損得勘定を上手に使って対応するようにします。

（○）「こちらの方法が、結局はお客様のご負担が割安で済みます」

⑨ソフトな表現で相手を傷つけないようにする

依頼的な表現、提案的な表現、相談的な表現などで、相手にソフトな言い方をします。

（○）「異常な音がしたとのことですが、その時の状況についてお教えいただけますか」

（○）「このような場合ですと、□□の部品を交換するのが一番早い方法と考えますが、お客様はどのようにお考えですか」

⑩解決策は単一的な答えよりも比較や第３の答えを用意しておく

１つだけの答えは、顧客に選択の余地がないので避けるようにします。

（○）「不具合につきましては、□□で補修する方法と不具合の部材を交換する場合とがありますが、どちらで進めさせていただきましょうか」

8. 顧客のタイプを知る

(1) 人間関係づくりの基本スタンス

顧客と意思の疎通を図り、良好な人間関係を築き上げることは、営業担当者にとって大変重要な要素となります。下記の点に注意するとともに、顧客の性格、タイプ別の対応にも配慮したいものです。

①顧客のタイプや性格を早く見極め、その人に合った話し方、接し方を心がける。
②顧客をよく観察し、相手の判断基準、心の動きを的確に把握する。

顧客との信頼関係は、営業担当者にとっても会社にとっても貴重な財産というべきものです。真の営業活動とは、自分を売り込み、顧客を理解し、信頼してもらうことなのです。

(2) 人間関係を深めるポイント

良好な人間関係を築き、信頼されるためには、

- 数多く会うこと
- 相手のことを知ること（相手の好みがわかること）
- 共通項（共通点）を見つけること
- 相手を好きになること（好意の返礼）

などが重要なことです。

決定権者や担当者との人間関係を深めるためには、次の表にあるポイントに留意することが大切です。

＜人間関係を深めるポイント＞

ポイント	内　容
数多く会うこと	わずかな時間でもいいので、会う機会を増やす。 その際には、顧客の個人名で呼びかけるようにする。
相手を知ること	なにげない雑談の中から貴重な情報を集める。 職位、社歴、仕事の概要、年齢、住所、家族構成、趣味、誕生日などをつかんでおく。
共通項を見つけること	顧客との共通点，あるいは似通った点を見つける。 現住所、出身地、出身校、子どもの人数、趣味など。 共通なものがなければ、自社の仲間との共通項でもかまわない。
相手を好きになること	相手の長所を見つけ出し、好きになる。 誰しも長所もあれば短所もあるが、できるだけ長所を見るようにすれば、好きになっていくことにつながる。

(3) 顧客は十人十色

営業担当者の商談相手は、その立場や地位、性格、人柄、興味・関心、資質など、様々な方がいるということを認識しておく必要があります。したがって、商談においては同じ商品のセールスポイント（購入メリット）を訴求するにしても、いつも同じやり方では通用しない場合もあります。商談相手によっては、訴求ポイントや話法の組み立て、切り出し方など、臨機応変に変えていく必要があるということです。

＜相手の立場に応じた訴求ポイント＞

新たな倉庫の建築を提案する時

相手が経営者の場合

「社員の方の商品管理の作業がラクになり、処理スピードも速くなりますので、生産性が大きく向上いたします」

相手が担当者の場合

「欲しい商品がすぐに棚から取り出せるので、非常に仕事がラクになります」

(4) 性格・タイプ別顧客対応法

人は外見によっても違いますが、性格もそれぞれ異なり、行動反応も様々です。いくら論理的に商談を積み重ねても円滑に話が進まないのは、相手の持つ心理的側面との間に隔たりがあるからです。したがって営業担当者には、商談相手の性格をよく見て、性格に応じた対応が求められます。

また、現代のような情報過多社会においては、顧客の中にも相当な情報通がいたり、プロ顔負けの商品知識を持っていたりします。こうした顧客に対して、昔ながらの「押しまくり」や「拝み倒し」は通用しません。顧客の知性に訴え、購買意欲を刺激するような知的な心理作戦を考えるべきです。

顧客の最初の反応は、「全く興味がない」「少しは興味がある」「かなり興味がある」「非常に興味がある」などに大別されます。営業担当者は、相手の反応に応じて臨機応変に戦術や論法を考えなければなりません。

顧客のタイプを見極めることによって、心理状態を推察することもできます。次のようなタイプ別の対応を理解しておくことが必要です。

＜代表的な顧客のタイプとその「特徴と対応」＞

顧客タイプ		特徴と対応
①利益重視タイプ（損得重視タイプ）	特徴	とにかく値切る。価格に不満を抱く。他社と比較する。質問が多い。何事も損か得かで判断するタイプ。
	対応	利点をまとめて強調する。価格等で相手の言いなりにならない。損得を中心に話し、どれだけ得かを数字で示すようにする。
②理詰めタイプ（理詰め筋通しタイプ）	特徴	理屈で納得できないと駄目なタイプ。損得よりも理論的な価値判断をするタイプ。
	対応	数字、図などを多用して説明する。相手の話をよく聞く。商品内容などの情報を正しく伝える。ごまかしはきかないので、目先の損得より確固たる理念で訴える。
③優柔不断タイプ	特徴	自分で決められない。「そのうちに…」と逃げる。消極的で質問も少ない。
	対応	肯定的話法で話をリードしていく。
④感情的なタイプ	特徴	損得、理屈ではなく、感情的な判断をするタイプ。
	対応	期待感などプラスの感情を刺激して訴える。拒否感などマイナスの感情に触れるとおしまいなので注意する。営業担当者の態度に左右されるタイプなだけに、対応には特に気をつける。

以上のような４タイプの他に、次表のようなタイプが見受けられます。ただし同じ人でも、性格タイプは固定的ではなく、検討商品、決裁金額、その日の気分などにより変動するものだということを忘れないでください。

＜顧客の性格タイプ別対応（補足）＞

顧客タイプ		特徴と対応
果断型	特徴	動作は積極的で、自信と確信がすべてに表れる。自尊心が強く何でも自分で決定しないと気が済まないタイプ。
	対応	聞き役になり下手に出ることが大切。またときどき質問を発し、できるだけ相手に話をさせるようにしていくことが必要。
慎重型	特徴	人の話をよく聞くが、容易に判断を下せない。自分で考えて納得するまでは行動を起こさない。
	対応	細かい質問が多く出る。ハッキリと回答する必要がある。
社交型	特徴	調子がよく多弁。「それはいいですね」といった発言が多く、愛嬌がある。一見接しやすい感じだが、難しいタイプ。
	対応	最後まで気を許さず、調子を合わせながら話を本筋に誘導するように努めることが大切。
非社交型	特徴	人付き合いが悪くムッツリ型で、自分の領域から出たがらない。比較的敏感で、些細なことでも気を悪くし、回復が遅いタイプ。
	対応	余計なことは話さず、相手のペースに順応しながら、徐々に質問して心を開かせることが必要。
進取型	特徴	新しい知識や前向きな話に関心を持つ。好奇心、創造性、柔軟性があり、勉強家タイプ。
	対応	相手のニーズを把握することに努め、情報を提供し、論理的にポイントを説明すると効果的。
事務型	特徴	ビジネスライクに徹している。面会を求めると会ってくれるが、タテマエ論が先行して、結論を出すのが遅い。習慣や手続きを尊重する傾向が強いタイプ。
	対応	筋道を立て、能率的な話の運び方をすることが大切。
拒否型	特徴	無遠慮に断りの言葉や態度をとり、時には黙殺することのあるタイプ。
	対応	素直さと我慢が第一で、あせらずチャンスを狙うことが大切。自信を持って堂々とぶつかっていく勇気が必要。
物知り型	特徴	自分の知識をひけらかす人。営業が言ったことに対して揚げ足をとったり、知っていることを長々と話したりすることが多いタイプ。
	対応	自尊心と虚栄心を満足させることが大切。話の腰を折らず、言いたいことをよく聴くようにする。
議論型	特徴	すぐに議論をふっかけてくる。
	対応	議論をできるだけさけるようにし、質問などにより、少しずつ話題を転換していくことが必要。

9. 商談ステップ

商談ステップとは、顧客との商談を進めるに当たって、現在の商談進捗度がどの程度かを見極めるため、顧客との商談を大きくは5段階、細目を入れて全21の商談の段階に区分したものです。あなたの商談がどこまで熟しているのかを評価してみましょう。

(1) 面談アプローチ＜ステップ1～4＞

まずは最初の段階として顧客にいかに面談してもらうかがカギになります。「売り込む」という気持ちを抑えながら、ビジネスマナーに気を付け、相手に好印象を持ってもらうことが肝心です。

なお、面談と商談の違いを申し上げると、面談とは単に顧客と会って話をするだけのことであり、商談とはさらに顧客と工事見込案件（ビジネス）の話ができることをいいます。

営業として顧客に会ってもらわないことには話が先に進まないため、面談のきっかけを作り、さらに面談を重ねることで工事見込案件につながる商談の糸口を探っていきます。

・「面談アプローチ」のポイント

①ターゲット顧客との面談率をいかに向上させるか
②面談するためのキッカケをいかにつくるか
③再訪問できるように顧客に好印象を与えているか

＜商談のステップ＞

ステップ	ステップ概要
1．訪問のあいさつ	顧客に対し、訪問のあいさつをする。 ※良い印象を与える⇒言葉、身だしなみ、表情や態度に気をつける。
2．自己紹介	顧客と初対面の場合、社名、支店・営業所名などの所属、氏名などを伝える。 ※名刺を渡す（名刺については第2章参照）
3．着席	「失礼いたします」の言葉を添えて着席する。 ※着席できたときは、商談の時間が確保できたと考える。
4．訪問の目的	何の目的で訪問したかを伝える。 ※工事受注の目的をあまり露骨に表面に出さず「ごあいさつ」「当社実績のご紹介」等の言い方で、最初の抵抗を少なくする。

(2) ラポール<ステップ5〜7>

ラポールとは顧客が営業担当者に対して心の扉を開け、親近感を持った状態のことです。顧客は営業担当者に対してある種の警戒心を持っています。コミュニケーションによって顧客との距離を縮めていきます。

・「ラポール」のポイント
①顧客と話をしやすい雰囲気をつくっているか
②営業担当者の話に顧客が興味や関心を持って接しているか
③具体的な商談に入るきっかけがつくれているか

<商談のステップ>

ステップ	ステップ概要
5．会社紹介、商品(工法等)の紹介	会社紹介は、モットー、創業年、所在地など親しみを感じさせる内容を伝える。訪問先企業との共通点をさぐる。 商品（工法等）紹介は、商品のセールスポイントや特徴を要領よく伝える。 ※商談に入る最初の難関となる。 いかにスムーズに顧客の懐に入り込むかが重要になる。
6．出会いの断りのかわし	この段階で「当社は○○建設さんと長く付き合っています」などという最初の断りの言葉が出てくるケースが多い。 その場の思い付きのような断りをされる場合が多いので「今すぐにお付き合いさせてくださいとは申しません」のように、断りの言葉に対して決して強引な営業をする意志がないことを顧客に伝える。 ※ここで簡単に引き下がっては、営業としての姿勢を疑われる。 断りのかわしの工夫が必要である。
7．切り出し話法	切り出し話法は、顧客の警戒心や不信感を取り除くために、本題（商談）に入る前に打ち解け合うようにするための仕掛けの言葉である。 具体的な商談に入る前に、気候や最近の話題、訪問先での観察で感じたことなどについて、短い雑談をする。 ※雑談の話題例： ①天候、季節、訪問先の状況、話題性のある明るいニュース等。 ②趣味、スポーツ、居住地、出身等。 ③人生、仕事、家庭、健康、業界関係の話題等。 ※好ましくない話題：宗教、政治、性、凶悪事件に関する話。 ※最初からあまり個人的な話題では抵抗があるため、誰にでも共通する話題から入り、徐々に個人的な話題で親しさを増していく。 ※切り出し話法は、顧客との共感づくりが目的。 「そうですよね」というYESの言葉が返ってくる質問によって、徐々に商談の本題へとつないでいく。

(3) 情報収集<ステップ8～9>

ラポールによって顧客の心がほぐれたら、「情報の提供」とともに、「情報の収集」を行います。この「情報の提供・収集」は顧客とのキャッチボールの場面となります。

まず顧客から情報を収集し、次に営業担当者が顧客に情報を提供するなど、順番が交互に入れ換わったりします。次のような点に注意しながら、商談につながる情報の提供・収集を行いましょう。

・「情報収集」のポイント
①顧客から問題点や課題、お困りごとの情報を聴き出しているか
②顧客の潜在ニーズを引き出しているか
③顧客が問題点や事の重大性に気付き認知しているか

<商談のステップ>

ステップ	ステップ概要
8．情報の提供	顧客に提供する情報には「顧客が知りたい情報」と営業担当者が「知らせたい情報」の２種類がある。この段階の情報提供は、顧客の利益になると思われる営業担当者の「知らせたい情報」を提供し、きっかけづくりとする。 ※商品（工法等）の説明に関連する内容で、全般的な傾向や概要程度の情報を提供する。 ※事前に質問する内容を準備しておき、話題がとぎれたり、ピント外れの質問をしたりしないようにする。
9．情報の収集	提供した情報をもとに、先方の考えや実態、ニーズを聞き出すようにする。 情報はできるだけ抽象的でなく、より具体的なものを収集するようにする。 ※上記「8．情報の提供」の前に、先に顧客から情報を聞き出し、それに基づいて、情報提供を行ってもかまわない。 ※情報の収集と合わせて、顧客の考えや意向が打診できやすい傾向の情報を提供する。 ※一方的に情報を収集するだけでなく、その情報によって話題を拡大させて関係を深めるようにする。 ※顧客より情報を細かく聞き出したら、営業担当者から適切なアドバイスや提案を返す。

(4) ニーズの顕在化<ステップ 10～11 >

的確な情報収集活動により顧客の問題点や課題、お困りごとが明確になったら、具体的な工事案件化につなげていくためにアドバイスや成功例の提示を行うことで、ニーズの顕在化（P.39「商談力」/第１章-７.参照）作業を行っていきます。

・「ニーズの顕在化」のポイント
①聴き出した情報をもとにニーズの顕在化を図っているか
②顧客と一緒に問題解決のテーブルに着けているか
③現地調査、積算・見積等の具体的な工事案件化につなげているか

＜商談のステップ＞

ステップ	ステップ概要
10. アドバイス	聞き出した情報に対してありきたりの返答でなく、専門性の高い緻密で的確なアドバイスを行う。 営業をかけたい商品（工法等）に関するアドバイスに限定しないで、関連する幅広い最新の情報を提供する。 ※的確なアドバイスを行うことは、顧客の信頼獲得のチャンスと心得て、誠実に行う。 ※必要に応じて再度資料を持参してより詳しい解説をしたり、上司や専門担当者と同行したりして、顧客が納得するように確実に行う。
11. 成功例の提示	具体的に成功した事例をあげて、前向きで有効なアドバイスとする。 例：賃貸住宅の営業であれば、賃貸住宅経営に成功したオーナーの事例など。 ※成功例の提示は、顧客の関心を高めるとともに営業の話に説得力を持たせる効果があるので、正確な情報を得ておく。 ※成功の事例は、顧客との情報交換だけでなく、企業内の情報交換を通じて蓄積しておく。

(5) プレゼンテーション＆クロージング＜ステップ 12〜21＞

的確な情報提供・収集からニーズの顕在化まで、いよいよ具体的な商談に入ります。「商品説明」から「断りの切り返し」など、営業担当者の腕の見せどころです。その日に締結できなくても、次につながる約束を取り付けることが大切です。以下の点に注意しながら行いましょう。

・「プレゼンテーション＆クロージング」のポイント
①顧客のベネフィット（効用）をふまえた提案ができているか
②顧客が購買に向けて前進するようなプラン提示や見積書提出ができているか
③顧客が障害や不安に感じているものを聴き出し、問題解決の対策を講じているか
④競合他社を排除する対策を十分立てているか

＜商談のステップ＞

ステップ	ステップ概要
12. 商品説明・説得	提供する自社商品（工法等）の特徴やメリット、活用方法などをわかりやすく説明する。 商品カタログや資料などを用いて具体的な説明を行う。 商品説明は、顧客のバイイングポイント（購買決定要因：利益）に焦点を当てるようにする。 特に競合他社の商品との差別化を図り、商品の特徴を明確にする。 ※利益になる点について具体的な数字で強調し説得する。 ※商品の理論的根拠の説得（理論説得）だけでなく、顧客の情に訴える説得（感情説得）も加えると効果的である。
13. コンサルテーション	商品（工法等）の説明、説得にあたっては、単に機能だけでなく顧客の実態に合わせて臨機応変に行う。 顧客の立場にたって相談にのり、顧客が機能を享受できるように支援活動の案を提案する。 ※顧客の問題解決につながるような提案を心がけ、丁寧、かつ顧客のレベルに合わせた説明を行う。
14. 真の断りの切り返し	営業担当者の力量が問われる場面である。顧客が契約に至らない原因や問題点を探り出す必要がある。 営業担当者の努力で解決できない問題については、上司と相談して攻略方法を検討する。 ※真の断りが明らかになることから、真の商談といえる。断りを恐れずに、再度手立てを考えて商談を進める。
15. 商談締結の打診	顧客の契約に対する関心度合いや契約に躊躇（ちゅうちょ）しているのであれば、その原因をつかむために行う。 （例：基礎工事着手の打診など） 締結の打診としては「いかがでしょうか」と投げかける。 ※あくまでも打診であり、反応の様子によってさらに質問、説明、説得を行う。
16. 商談の締結	商談の詰めとなる大切な場面。自信を持って進める。 失注を恐れずに、結論を引き出す。

17. 宿題の引き受け	前記「16. 商談の締結」に至らなかった場合は、見積書の提出、詳細資料の提供、即答できない質問事項などについて、後日の宿題として持ち帰る約束をし、継続訪問につなげる。 逆に、顧客に資料やデータの準備などを依頼することが必要なケースもある。
18. 次回訪問の約束	宿題の提出日など、次回の訪問日を決定する。 訪問の約束は時間など、細部まで決める。 ※次回訪問の約束を取りつけることは、再度の面談を確実なものとし、効率的な活動の実現につながる。
19. あいさつ	顧客に対して感謝の気持ちを込め、丁寧にあいさつする。
20. 離席	笑顔であいさつをしながら好感度を高める。
21. 退去	顧客はもとより、受付などに対しても丁重にあいさつする。

以上、顧客訪問から退去までの５段階全 21 の商談ステップを解説しました。

実際の営業活動では、必ずしもこのような段階やステップがすべて行われるとは限りませんが、これらを理解しておけば、現在自分がどの段階まで顧客との商談が進んでいるのかが確認でき、次の活動の予定も立ちます。あとは各営業担当者の個性と力量によってアレンジして、前向きに取り組んでください。

10. 顧客ニーズの聴き取り

営業担当者は、顧客との商談の中から工事案件の情報を聴き出し、交渉を重ねながら最終的に受注に結び付けなければなりません。受注獲得のため、顧客にどのように的確な質問を行い、どのように顧客ニーズなどの有効な情報を引き出していくか、営業担当者としての質問のあり方について次に述べていきます。

(1) 質問の種類

質問には、大きく分けて「①クローズ（限定・選択型）質問」と「②オープン（自由・拡大型）質問」の２種類があります。

①クローズ質問

「はい・いいえ」などの二者択一の質問、もしくは複数の用意された問いの中で答えるような質問のことで、答えの選択肢がある程度限定されています。例えば、「あなたはお酒が好きですか？」とか「赤と白ではどちらの色が好きですか？」などの質問です。このような質問は、相手（顧客）からすると比較的答えやすい質問ですので、情報収集する時の導入段階で使われることが多い話法です。

②オープン質問

質問に対する答えを限定しないで、事実や意見、感想などを自由に回答してもらうような話法です。例えば、「好きなお酒の種類や銘柄を教えてください」とか「どんな色がお好みですか？」などの質問です。この質問の方法は、相手（顧客）にとっては具体的に答えられるケースと、抽象的あるいは曖昧な答えしかできないケースがあるので、抽象的な答えや曖昧な答えが返ってきた場合は、追加質問を行う必要性も出てきます。オープン質問は、相手（顧客）が回答を考えて答えなければならないので、質問の方法によっては回答しにくいものもあります。例えば「御社の問題点は何ですか？」というような漠然とした質問などは、答えにくい質問といえます。

そこで、相手が答えやすいように「例えば○○とかありますよね」などのヒントになるような言葉を添える方法もあります。ただし、このようなヒントは相手をヒントの言葉に誘導してしまうこともあるので、相手の真意を探りたい時には用いるべきではありません。

(2) 情報を聴き出すための４つの質問

営業担当者が顧客との商談の中で、どのようにして有効な情報を聴き出していけばよいのか、ここでは「第１章-７.商談力」でご説明した顧客ニーズの中の潜在ニーズを顕在ニーズに転換する質問話法として４つのステップで解説します。

①現状確認の質問

この質問方法は、顧客の現在の様子や環境状況などを客観的な事実として捉える質問です。一般的に、商談の導入部で営業担当者が顧客の現状を正しく認識・確認するための質問です。

顧客の側では、答えやすい内容が多い反面、あまりしつこくあれもこれもと質問を続けると反感を持たれてしまいます。特に顧客のホームページなどのＷＥＢサイトに掲載されているような情報は事前に把握して、真に確認したいことを絞って質問するべきです。

例：「この店舗は築何年になりますか？」
　　「空調は何台導入されていますか？」

②問題認識の質問

この質問方法は、顧客の気になっている点や問題点を尋ねる質問です。顧客から既に得ている情報に基づき問題を提起したり、気になりそうな部分を確認する質問です。

この質問話法では、まずは顧客の側でどのような潜在ニーズがあるかを探っていきます。この質問に対して顧客側が「そうですね。少し気になっています」というような肯定的な反応が返ってくれば潜在ニーズとして捉えます。

例：「築20年ということは設備機器の老朽化が心配ですね？」
　　「それだけの空調が入っていると光熱費は相当かかりますね？」

③気付きを促進させる質問

この質問方法は、顧客の抱えている問題がもたらす影響や結果、関わり合いを尋ねる質問です。この質問によって営業担当者と顧客との間で、問題点についての共通認識をより深めることで、先ほどの問題認識の質問で得られた潜在ニーズを顕在ニーズに転換する作業となります。ここでの顧客の反応の大小で、まだ潜在ニーズの段階に留まっているのか、顕在ニーズとして深く感じているのかを見極めていきます。

例：「これだけの経費がかかると、経営上大きな負担になっていませんか？」
　　「このような状態が続くと、どういった問題が発生するでしょうか？」

④課題を明確にする質問

この質問方法は、顧客と営業担当者との合意形成を促すための質問です。先ほどの気付きを促進させる質問で、顧客が「これは、このままにしておけないぞ」というように顕在ニーズとして真剣に問題提起に向き合う姿勢が見られた際に、たたみ掛けるように自社の仕事に結び付けたい時に用いる質問です。

基本的に顧客は営業担当者に促されて購買を行うことを好ましく思いません。つまりは、購買の判断を自分の意思で行いたい願望を持っています。そこで、営業担当者としては「わが社にぜひお任せください」という前にワンクッション置いて、自社に顧客をなびかせるための質問を投げかけることで、顧客の側から「お願いしたい」と言わせるのです。

例：「この問題の解決方法をお知りになりたくありませんか？」
　　「そろそろ改修工事の時期に来たということでしょうかね？」

(3) 質問を行う際の注意点

質問を行う際は、次のような点に注意して行います。

①事前に顧客情報を収集することで、予備知識を持って質問する。
②要領よく質問するために、事前に質問項目を準備しておく。
③最初は時候のあいさつをして、場の雰囲気を和らげてから質問に入る。
④はじめに情報収集の目的と概要を示し、答えやすいようにもっていく。
⑤威圧するような口調は避け、教えていただくという姿勢を示す。
⑥比較的答えやすい概要から聴き、徐々に核心に入っていく。
⑦主題から外れないようにするとともに、具体的な質問をする。
⑧専門用語やヨコ文字はできるだけ避ける。
⑨批判的な話や、先方が嫌がる話は避ける。
⑩明確な答えが返ってこない場合は、別の質問で補う。

11. 提案営業

(1) 提案営業は他社との差別化の重要ポイント

建設業界は請負業という特性上、はじめに設計図面があり、建設業者はその図面通りに忠実に施工することが常とされ、顧客に提案したり企画・立案したりという営業手法に慣れていないところがありました。

しかし現在の建設市場は、価格競争が激しさを増しており、顧客との商談活動を地道に積み上げてきても、最後に価格勝負となって涙を飲むという結果に終わることも、決して珍しくありません。

だからといって、筆者は「最後は価格を叩いた（叩ける）業者が勝てる」とは決して思いませんし、思いたくもないのです。

安売り競争を続ければ企業の体力を消耗させ、営業という戦略を駆使した人間性の高い職務が、ただ単に顧客の前で価格を値切るだけのレベルの低い仕事に成り下がってしまいます。これでは、営業という専門職としての意味がありません。

これからの建設営業は、顧客に対する提案能力を磨き潜在需要を掘り起こし、価格競争という土俵から一歩離れたステージで戦わなければならないはずです。特命比率を少しでも向上させたいと思えば、迷わず提案営業を試みることです。

もちろん、すべてにおいて提案さえすれば必ずしも特命工事が受注できるという確証はないかもしれません。それでも営業担当者は、提案力で勝負できなければ他社と差別化をすることができず、勝ち組として生き残れないのです。

(2) 提案営業のパターン

提案営業は、大きくは次の２つに分かれます。

①商品提案型営業
あらかじめ顧客ニーズに沿ったものと想定される商品を設定し、顧客との商談を通してニーズ喚起する営業活動

②問題解決型営業
顧客の困りごとの相談や顧客の役に立つ方法を考え、問題解決を図ることにより受注につなげていく営業活動

この２つの営業パターンは、次の図のように、「顧客ターゲットの設定」から始まり、「商談の促進」までの流れで行われます。

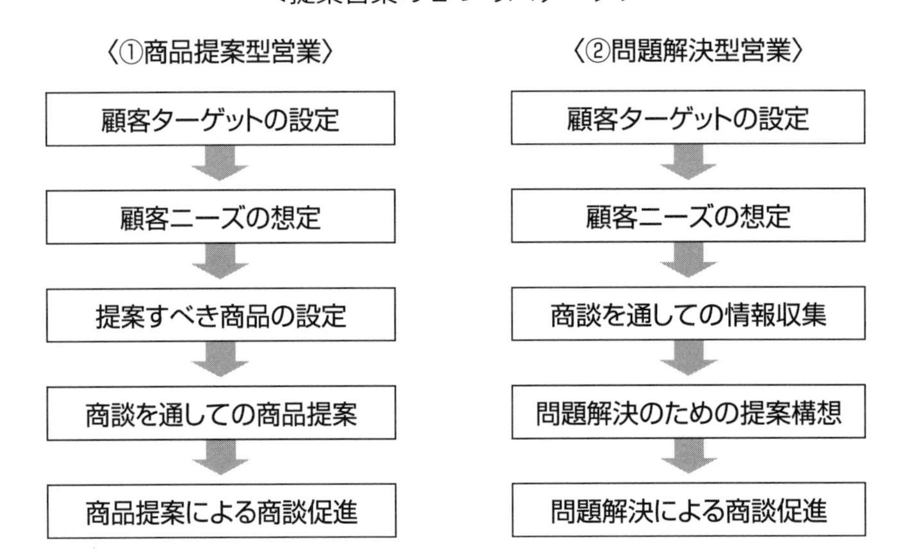

いずれのパターンにも共通して言えることは、顧客ターゲットを設定することと、顧客に合わせて顧客ニーズを想定することです。提案営業は狙うべき対象顧客を明確にし、あらかじめ仮説でよいので顧客ニーズを想定しておくことがポイントとなります。

(3) 商品提案型営業の切り口

営業担当者が顧客に対して自社商品を提案するためには、顧客の関心事を捉え、顧客にどのような満足を提供できるかを系統立てて説明できなくてはなりません。

自社商品のセールスポイントを要領よく説明できる「F・A・B・E」という手法があります。

- F：Feature 特徴
- A：Advantage 利点
- B：Benefit 利益
- E：Evidence 証拠

この４つのカテゴリー「特徴、利点、利益、証拠」に分類してセールスポイントを説明するものです。

このカテゴリーにさらにもう１つ、顧客の興味：I（Interest）を加えた「F・A・I・B・E」の５つで説明することで、顧客に対する順序立った提案を行うことが可能となります。

①F…Feature（特徴）
Feature（特徴）は商品やサービスの持つ客観的な事実で、価格や性能、構造、品質などの機能を表したものです。
②A…Advantage（利点）
Advantage（利点）は、上記のFeature（特徴）を通して得られる効用であり、一般的にはセールスポイントを意味します。
③I…Interest（興味）
Interest（興味）は顧客がどのようなことに興味・関心を持っているかということです。提案営業を行うにあたっては、いくら商品の良さをＰＲしても顧客に興味のない話では、それ以上話が進展することは少ないでしょう。
④B…Benefit（利益）
Benefit（利益）は、顧客が商品から得られる具体的な効果です。顧客は商品を買うのではなく、商品を通してこの"利益"を買うのです。
⑤E…Evidence（証拠）
Evidence（証拠）は上記①②④の根拠としての事実であり、従来商品との比較データや公的機関、専門家、ユーザーのお墨付きなどにより、商品の良さを決定付けたり、権威付けしたりします。

この「ＦＡＩＢＥ技法」は、通常は上記①から⑤の順番でなく「③→④→①→②→⑤」つまり、「ＩＢＦＡＥ」の順に行うのがよいでしょう。
つまり、まず顧客の興味のあることを仮説でかまいませんので明確にし、商談の中でそれを確認しながら、さらにその興味をそそる利益（メリット）を顧客に提示し、それらが提案する商品によって得られることを特徴、利点、証拠の順に説明していくことになります。
ぜひ、この手法を活用して有効な提案営業を行ってください。

(4) 問題解決型営業の切り口

問題解決型営業の最初の一歩は、商品提案型と同様にターゲット顧客に対して想定されるニーズを仮説として立てておきます。次に顧客の外部・内部環境など現状をきちんと把握していきます。
次の図に示した段階の区分はあくまでも便宜的なものであり、現実にはそれぞれが進んだり戻ったりします。例えば、「状況分析」の段階で不足情報があれば「状況把握」に戻ります。「問題・課題解決」の段階で仮説がまちがっていると判明すれば、「状況把握」や「状況分析」に戻るのです。

＜問題解決型営業のステップ＞

〔段階〕　〔主な内容と方法〕

〔段階〕	〔主な内容と方法〕
状況把握	■ 顧客ニーズの想定と情報収集 ①ターゲット顧客に対する想定されるニーズ（仮説）検討 ②顧客企業が置かれている現状の把握 （顧客を取り巻く外部環境と顧客の持つ経営資源や組織体制などの内部環境の把握） ③資料·データによる情報収集 ④ヒアリング、観察による情報収集

〔段階〕	〔主な内容と方法〕
状況分析	■ 問題抽出·課題形成 ①顧客の置かれている状況の分析に基づく問題（あるべき姿と現状とのギャップ）の抽出 ②問題の原因とそれを解決するための課題形成 ③顧客ニーズ（仮説）検証分析

〔段階〕	〔主な内容と方法〕
問題·課題解決	■ 解決策立案 ①課題解決策の立案（解決策と商品の当てはめ） ②問題解決のための商品提案

第4章

営業力を強化する

1．営業戦略　①受注目標と数値検討
2．営業戦略　②建設市場とは何か
3．営業戦略　③顧客市場の分類
4．営業戦略　④ターゲット顧客の設定
5．営業戦略　⑤戦略市場の検討
6．営業戦略　⑥方針・目標・計画・活動の法則
7．計画的な営業　①建設営業活動のマネジメント
8．計画的な営業　②受注目標達成のための年間計画
9．計画的な営業　③月間・週間計画による活動管理
10. 計画的な営業　④明日の行動準備はできているか
11. プロセス管理　①建設工事の営業プロセス
12. プロセス管理　②建設工事情報の収集
13. プロセス管理　③自社優位性の促進
14. プロセス管理　④受注戦略（営業ストーリー）
15. プロセス管理　⑤工事見込案件の管理

1. 営業戦略　①受注目標と数値検討

営業として最も重要な使命は何かといえば、それはズバリ「受注目標の達成」です。建設業界の市場環境が良い時も悪い時も常に請負業である建設業の宿命として、営業は工事の仕事を取ってこなければなりません。

それでは、営業は受注目標を達成するためにどのような戦略や計画を立てて、営業活動を行っていけばよいのでしょうか。この章では常に受注目標を達成し、安定的な受注を確保するための営業力強化のあり方について解説します。

(1) 受注目標と数値検討

まずは受注目標達成に向けて、受注目標の数値検討から進めていきます。一般的には建設各社の受注目標は決算月の完成工事や翌期の繰越工事の状況をふまえて、期初の月もしくは、その１～２ヵ月前に決定される場合が多いと思います。

受注目標は、その期の完成工事に引き当てることを目論んだ受注と、来期以降への繰り越し工事を目論んだ受注の両面を盛り込む形で設定することで、受注目標と合わせて売上としての完成工事高の目標の両立を図ります。

まず、最初に行う検討事項としては受注目標に対する現状の数値見通しを立てることです。期初に把握している工事見込案件を一覧表にしてみましょう。表１をご覧ください。

＜表１：受注目標に対する現状数値見通し＞

❶今期受注目標	1,000,000

単位：千円

見込度	特命案件		競争入札案件		総計		受注確率	総計
	件数	見込額小計	件数	見込額小計	件数	見込額計		
受注済	0	0	0	0	0	0	100%	0
a	1	78,000	0	0	1	78,000	80%	62,400
b	0	0	2	140,000	2	140,000	60%	84,000
c	1	260,000	2	550,000	3	810,000	40%	324,000
d	0	0	2	750,000	2	750,000	20%	150,000
			❷今期受注済＋見込額計		8	1,778,000	❸引当予定計	620,400
			目標残数値(❷−❶)			778,000	(❸−❶)	−379,600

表１では例として受注目標を 10 億円とした時の期初の工事見込案件をａ～ｄの４段階の見込度のランクで区分しています。工事受注確率が高い順にａから

80%、bが60%、cが40%、dが20%というように表に入れていきます（この受注確率は建設企業ごとにパーセンテージの設定が異なります）。

受注目標に対する見通し（読み）は、あくまで机上の計算ですが、a～dまでを見込案件の金額に受注確率を掛けて計算し、集計していきます。表の中ではすべての見込案件を単純に集計すると受注目標の約1.8倍の数値となっていますが、a～dの確率で集計していきますと目標の10億円に対して4億円弱の不足があります。

このように受注目標の数値検討は常に見込案件を受注確率で積み上げていきながら、受注目標から逆算して不足数値がいくらであるのかを追いかけていくことがポイントです。

(2) 数値検討から不足数値対策を立案する

筆者は、受注目標に対して期初にベースとなる手持ちの見込案件の合計額を基礎数値といい、受注目標から基礎数値を差し引いた不足数値のことを挑戦目標と呼んでいます。

前頁の表1の場合、a～dの受注確率で集計した約6億円の数値を基礎数値と見れば、残りの4億円弱が挑戦目標となります。さて、この後に受注目標に到達させるための不足数値対策を立案していかなければなりません。不足数値対策としては、次の2つが考えられます。

①見込数値のランクアップ活動

表1では受注確率の一番高いa見込と2番目に高いb見込を足した数値でも目標の2割弱くらいに留まっています。そこで、b～d見込までをそれぞれランクアップし、受注確率の積み上げが目標を超えるように活動していきます。この活動を行っていくには、この後に解説するプロセス管理が極めて重要となります。

②見込案件数の増強活動

表1では見込案件数が8件となっています。見込案件数の増強活動は、この8件を今後の営業活動を通して2倍、3倍の案件数に増やしていくことで受注目標達成の見通しを立てていきます。この対策を行うためには営業活動を戦略的に進めていかないと、待ちの姿勢でいても増やしていくことはできません。

上記①の見込数値のランクアップ活動は、8件の受注確率を上げるという見込の質を向上することで、受注目標達成の見通しを立てる対策となります。見込数値のランクアップ活動については、同じ第4章の「11.～15.プロセス管理」で解説しています。

②は見込の質もさることながら量を増やしていくという方法です。見込案件数の増強活動については、この後、本章の「3.～ 6.営業戦略」で取り上げております。

いずれにしても見込数値のランクアップ活動と見込案件数の増強活動は、どちらか一方に偏るのではなく、常に両面の質と量の向上を図っていかなければなりません。

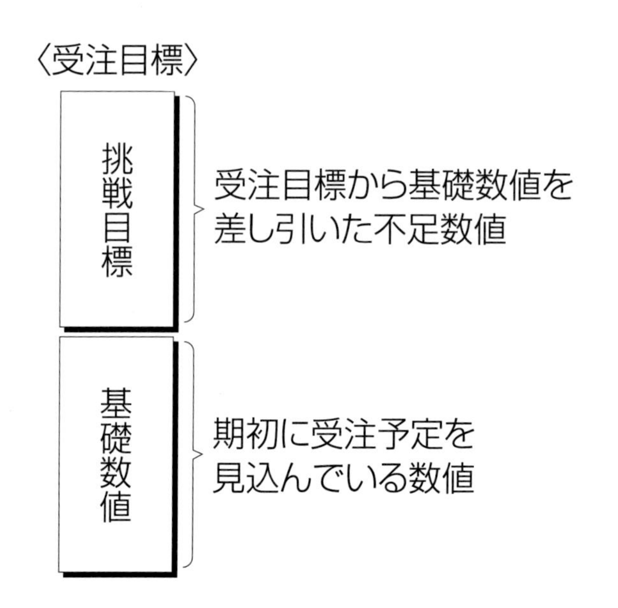

2. 営業戦略　②建設市場とは何か

建設業の営業を戦略的に進めていくためには、まずどのような市場をターゲットにするのかを明確にしていきます。仮に大手ゼネコンであれば、あらゆる市場に対して打って出て行けるフルライン戦略[1]が取れると思われます。

しかし中堅・中小建設業の場合は、営業担当者の人数も活動範囲も限られているため、営業活動を効率良く行っていくことが大切です。そのためには、貴重な人的資源を目標と定めた戦略市場に対し、重点的に投入しなければなりません。

ここで重要となるのは、どの市場に対して重点化するのかを決定することです。市場とは、企業が製品やサービスを取引する場面や区分を指しますが、通常は次の３つに分かれます。

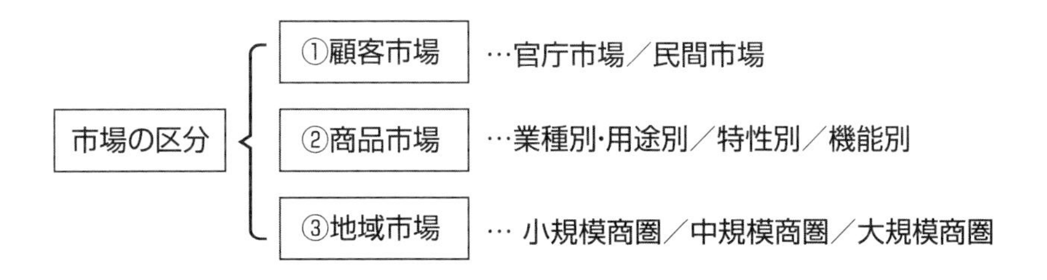

---

1. フルライン戦略：市場のすべての顧客要求やニーズに応えるための製品ラインナップを幅広くそろえた営業展開を行うこと

(1) 顧客市場

顧客市場とは、取引先ごとのカテゴリーに市場を分類する考え方です。建設業の場合は、大きくは官庁市場と民間市場の２つに分けられます。

さらに民間市場は法人市場と個人市場とに分かれ、法人市場はさらに不動産や流通、製造業などの産業別（業種別）市場に分かれます。個人市場も顧客の職業、年齢、性別など様々なカテゴリーに分けることができます。

(2) 商品市場

商品市場は、建設企業の持つ商品ごとに市場を分類する考え方で、大きくは３つの分け方があります。

まず１つ目は、建設の業種別・用途別の分類方法で総合建設業の場合、大きく土木市場と建築市場に分かれます。これは ISO9001 の適用範囲で示される製品区分と同様です。さらに土木市場は道路、舗装、河川、橋梁[1]などの工種別の市場に区分されます。建築の場合も同様であり、住宅、工場、物流倉庫、商業店舗、ビル等々に分かれます。

２つ目に商品市場は製品の持つ特性（技術・工法）別に分類する方法もあり、建築の場合、木造、ＲＣ造[2]、Ｓ造[3]、ＳＲＣ造[4]などの分類、土木の場合も舗装工事などではアスファルト、コンクリート、カラー舗装、排水性・透水性などの分類があげられます。

３つ目は機能別分類で、例えば新築工事と維持・補修・改修工事などのように構造物を100％新設したり、既設のものを解体して造り替えたりする工事と部分的に既設のものを造り替える工事とに分ける分類です。

---

1. **橋梁**：橋に関係した工事のこと。
2. **ＲＣ造**：鉄筋コンクリート造の略。
3. **Ｓ造**：鉄骨構造の略。
4. **ＳＲＣ造**：鉄骨鉄筋コンクリート造の略。

(3) 地域市場

地域市場は企業規模にもよりますが、商圏の取り方により小、中、大の地域市場に分けられます。

小規模な商圏市場は自社所在地の市町村レベルの市場であり、中小の工務店などでは、さらに自社の所属する町内会レベル（地域住民の顔が見える）の極めて限られた商圏のみで営業している企業も多く存在します。

中規模市場とは自社所在地内からさらに郡レベルのエリアをカバーし、大規模市場となると自社所在地の都道府県及び隣接の都道府県をまたいで広域に営業展開を行い、ポイントになる地域には支店・営業所を構えています。

以上のようにひと口に建設業の市場ターゲットと言っても、多くの分類があります。この顧客、商品、地域の市場は互いにからみ合っています。

どのような市場をターゲットにすえて絞り込んでいくかが、これからの戦略的な営業活動として市場深耕していく鍵となります。

＜建設市場の分類＞

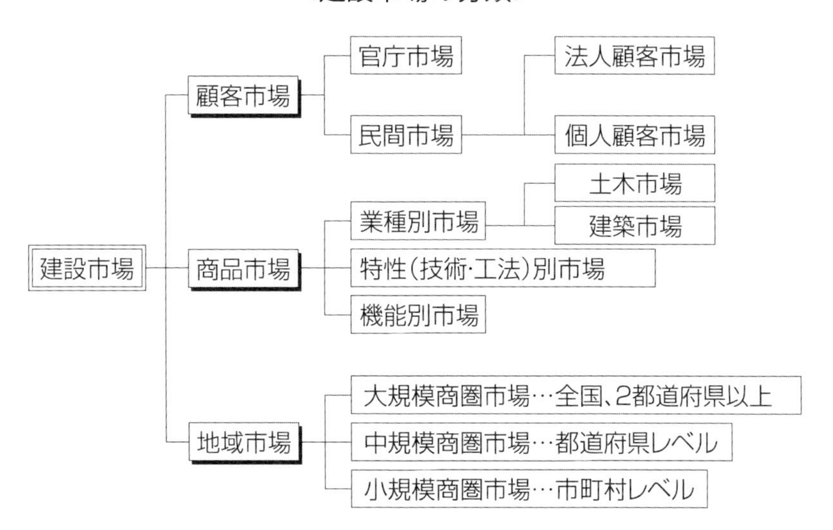

(4) 市場へのアプローチ

解説した３つの市場（顧客市場、商品市場、地域市場）の中で、戦略的にアプローチする際にはマーケティング的な視点で、まずは次の３つのステップに従って行うとよいでしょう。商品市場や地域市場も視点としては大事な部分ですが、まずは売り先である顧客市場を軸に考えます。

第１は、顧客市場を管理しやすいように分類することです。

……〈①**セグメンテーション**〉

第２は、分類した顧客市場の中から狙うべき顧客を明確にすることです。

……〈②**ターゲティング**〉

第３は、自社の強みを発揮し競合他社と差別化し、優位に立つ方法を決めることです。

……〈③**ポジショニング**〉

＜顧客市場に対する戦略的アプローチ＞

①セグメンテーション	○顧客市場を分類する
	・自社の顧客とは誰か ・顧客はどのように分類できるか
②ターゲティング	○狙うべき顧客を明確にする
	・これから自社に利益をもたらすと考えられる顧客とは誰か ・どの顧客層が狙い目となるか
③ポジショニング	○自社の強みを発揮し、競合他社と差別化し、優位に立つ方法を決める
	・顧客に対し自社が強みを発揮できるものは何か ・競合他社に対してどのように差別化し、市場の中で優位に立つか

3. 営業戦略　③顧客市場の分類

第１の顧客市場をセグメンテーション、すなわち分類する際のポイントは、次の通りです。

①論理的に重複がなく、分類の基準が明確になっている

法人企業顧客であれば、業種等の分類にもダブリがないようにします。

②市場性が一定量見込まれる

必ずしもすべての分類を書き表す必要はなく、ある程度の市場としてのパイが見込めるものが望まれます。

③管理できるボリュームである

分類に基づき、市場に対するアプローチを検討することを想定して管理（コントロールやメンテナンス）できる程度のボリュームが求められます。

この後は、民間工事を主とした顧客市場分類として、業種分類と管理顧客分類の２側面を解説します。

(1) 業種分類

業種分類とは法人企業・団体を中心に、顧客市場を業種・業態ごとに大・中・小項目レベルで分類することです。建設業の顧客市場分類としては各社で非常に多く用いられる分類で、この分類を行うことで、自社の強い業種、弱い業種も見えてきます。次頁の表に市場分類した際の事例をあげてみます。

＜顧客市場業種分類例＞

顧客市場		
製造業	化　学	石油精製
		薬　品
		タイヤ
		化学製品
	機　械	自動車部品
		機械工具
		工作機械
		印刷機械
		航空部品
		精密機械
	鉄　工	鋳造業
	造船業	新造船
		修　理
	電　気	半導体
		電気部品
	金属加工	
	製紙業	
	紡　績	
	食　品	食品加工
医療法人	病　院	
	開業医	
社会福祉法人		
ホテル・旅館		
温浴施設		
ゴルフ場		
流通小売業	ドラッグストア	
	スーパー	
学　校	高　校	
	大　学	

(2) 管理顧客分類

管理顧客分類とは、顧客を過去・現在の実績や関係性、及び今後の新たな関係構築の視点で分類（セグメント）することをいいます。

①取引実績による分類

「第１章-６.顧客管理」でも述べましたが、顧客を取引実績に応じて既存顧客（現在取引を行っている顧客）と旧客（過去に取引実績があるが、昨今は取引実績のない顧客。休眠客ともいう）、新規顧客（これから取引を開始する予定、または今後取引の窓口を開きたい顧客）の３つに分けて分類するものです。

②情報入手形態

案件情報の入手形態のルートとしてのエンドユーザー（施主・発注者）とチャネル（設計会社、金融機関等）で区分します。

③顧客関係性

これも「第１章-６.顧客管理」でも述べましたが、顧客を自社との関係性の高さ、親密度に応じてランク付けするものです。

4. 営業戦略　④ターゲット顧客の設定

顧客市場のセグメンテーションにより市場が分類されたら、いよいよ具体的にどの顧客にアプローチするか（ターゲティング）を決定します。営業としてアプローチすべきターゲット顧客が明確でないと、行き当たりばったりの営業活動になりがちで、行きやすい既存客ばかりに訪問し、新規客などの訪問は単発的となってしまいます。

能動的に見込案件を発掘する攻めの営業スタイルで進めていくには、ターゲット顧客を明確にすることが最も重要となります。

(1) ターゲット顧客は営業組織の中で明確にする

あなたの企業や営業組織において「顧客リスト」は存在しているでしょうか。また、リストが存在するとしても、それが「既存客」と、「旧客」、「新規客」に分かれ、かつ営業担当者ごとに優先順位を付け、誰がアプローチするのかが明確になっているでしょうか。

営業担当者からすると、自分の手のひらに乗せている顧客が手持ちの管理顧客であり、それ以外はあまり関心を示さなかったりします。また、新規開拓すべき顧客を明確にする必要性すら感じていない営業担当者を時々お見受けします。

特に「既存客」を"最近、仕事を発注してくれた顧客"と定義付ければ、最も面談しやすい顧客です。営業担当者の仕事が「顧客に会うのが始めの一歩」と考えれば、営業担当者にとって「既存客」ほど容易で行きやすい顧客はいないのです。

筆者は、「既存客」に行くなと言っているのではないのです。営業担当者が「既存客」を大事にするのは、受注を安定化させる点で重要であると思われます。しかし、ポイントは「既存客」と「新規客」あるいは「旧客」とのバランスにあるのです。なぜなら、今述べたことと矛盾するかもしれませんが、今現在の「すべての既存客」が「将来にわたり取引いただける顧客」とは、必ずしもなり得ないからです。

既存客の中には、今後も仕事の可能性がある顧客と、そうでない顧客がいます。また、自社との取引関係・実績（シェア）の高い顧客もいれば、低い顧客もいます。

営業担当者の行きやすい顧客とは、この点で実は必ずしも受注確率を捉えた合理的な訪問先になっているとは限らないのです。ターゲットを明確化する中で「既存客」のリストアップや訪問優先度を自分の好き、嫌いで行ってはいけないのです。

(2) ターゲット顧客の設定の考え方

ターゲット顧客の設定は、下記のようにまずは「顧客との取引関係・実績」と「今後の工事発注可能性」の２つの側面で分類します。

「顧客との取引関係・実績」は「第１章-６.顧客管理」のP.36「顧客関係のステップ８」の図を参考に取引関係・実績の高低の度合いを判断します。

「今後の工事発注可能性」は工事発注時期や発注予定工事の内容の高低の度合いを判断します。工事発注時期は発注予定が１年以内、２～３年以内、４年以上先、未定などで高低を判断し、発注予定工事の内容は工事規模の大小や発注形態（設計施工や特命、競争入札等）で高低を判断し、両者を総合的に判断して度合いの高低を見極めます。

次にこの２つの側面に合わせて、ターゲット顧客を「Ａ～Ｄ」の４つのセルに分けます。４つのセルの顧客の特徴は、以下の通りです。

＜顧客ランク付けのマトリックス＞

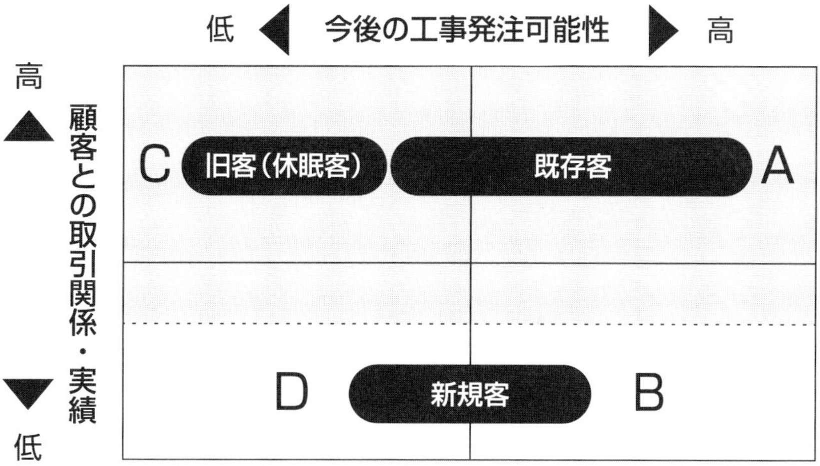

低　今後の工事発注可能性　高
高　顧客との取引関係・実績　低
C　旧客（休眠客）
既存客　A
D　新規客　B

・A顧客

既存客の中でも、最有力となる顧客です（最重要得意先）。日常の訪問頻度が高く、顧客との関係も深いのですが、営業スタイルは、引き合いに対応する受け身となるケースが多くあります。

・B顧客

取引実績のない新規客もしくは既存客の中でも取引実績が乏しく、相対的に競合他社への発注高の多い顧客です。顧客と競合他社との関係で、「これ以上は入り込めない」という先入観が生じ、腰の引けた営業になりがちです。

・C顧客

過去に取引の実績があったが、現在は取引実績が乏しいもしくは取引があっても少額の顧客となっています。待ちの営業では、ほぼ発注可能性は期待できません。

・**D顧客**

過去の取引実績がない、もしくは取引実績があっても顧客との関係が切れてしまっている旧客であり、今後の発注可能性も現段階では低いとみられます。

リストアップの際は、工事発注の可能性が高く取引関係実績の高い最重要顧客（A顧客）に営業ウエイトをかけるのはもちろんですが、今までの取引実績・頻度が低くても今後、仕事になる可能性の高い顧客（B顧客）に対しても、それ相応のウエイトをかける必要があります。そうしないと、全体の数値が上がらず、ジリ貧になってしまいます。

(3) "攻撃すべき"もしくは"開拓すべき"ターゲットとなる顧客を明確にする

ターゲット顧客をA～Dにランク分けをし、さらに下表のように前節で解説した管理顧客分類で分類を行います。この分類を行うことで、特に業種分類によって顧客ランクの高低の傾向があれば、今後狙い目となる業種を重点的にリストアップし、営業活動を戦略的に強化していきます。

そして、顧客ランクに応じて、訪問頻度も月1～2回訪問から2ヵ月に1回、3～4ヵ月に1回など、定期訪問件数も指標として決めておくとよいでしょう。

＜管理顧客分類（例）＞

情報入手形態	業種分類	顧客	受注実績	顧客関係性	発注可能性	顧客ランク
エンドユーザー（施主）	医療・福祉	A社会福祉法人	既存客	高	高	A
		B病院	既存客	高	低	C
		Cクリニック	旧客	低	低	D
	製造業	D工業	既存客	高	高	A
		E金属	既存客	低	高	B
		F食品	既存客	低	高	B
チャネル	設計会社	G設計	既存客	高	高	A
		H設計	既存客	低	高	B
		I設計	旧客	高	低	C

(4) ターゲット顧客別攻略方法

それでは、この「Ａ～Ｄ」の顧客に対して、どのような提案を行えばよいでしょうか。それぞれの顧客に対する攻略方法の一例を紹介しておきます。

・A顧客の攻略

取引量だけでなく質（利益率）を高めるために提案力を向上させ、顧客の困りごとに対する問題解決に協力することにより、取引関係をより強固なものとします。

例：施工部門と協力した営工一体の組織営業

・B顧客の攻略

顧客の関心事をすばやく見極め、競合他社よりも先駆けた提案をすることにより、営業活動を有利に展開できるようにします。

例：製造業に対する営繕工事からの開拓営業

・C顧客の攻略

顧客の事業メリットを提案し、新たな工事案件を創出する開発型営業でビジネスチャンスをつくります。

例：医療法人に対する高齢者専用賃貸住宅の提案

・D顧客の攻略

旧客の場合は、前施工物件のアフターメンテナンスから、再度の関係を構築していきます。

例：建物診断（屋上防水、外壁改修等）

(5) ターゲット顧客のメンテナンス

ターゲット顧客は一度リスト化して設定したら、まず半年くらいは徹底して訪問活動を行ってください。その上で、ランクなどを見直します。ランクを見直す視点は、単に訪問できている、できていないということで判断するのではなく、「顧客との取引関係・実績」と「今後の工事発注可能性」の２側面で検討してください。

建設企業によっては年に１～２回、その会社の役員と営業部門の社員が全員で会議体を設け、１～２日かけてターゲット顧客の見直しと戦略・戦術検討を行っているところもあります。営業担当者の限られた情報だけで見直しを行うのではなく、地元の経済界に人脈を持つ経営トップも参画して見直しを行った方がより精度が高く、顧客ごとの戦略・戦術の検討が図れます。

5. 営業戦略　⑤戦略市場の検討

受注目標を達成するために、工事見込案件を発掘する目的で戦略的に市場に打って出るには、これまで述べてきた建設市場を自社の市場として俯瞰（ふかん）し、どこに営業としてのマンパワーをかけていくべきかを決めなければなりません。

(1) 重点として狙うべき顧客市場の明確化と戦略・戦術

前節で解説したように顧客市場を「顧客との取引関係・実績」と「今後の工事発注可能性」で分類した中で、主に「今後の工事発注可能性」の高い市場を狙っていきます。ひとつの市場としての括りでいえば、顧客市場の中の業種分類で捉えていきます。

戦略的に狙うべき市場を決めたら、その業種分類ごとに営業施策としての戦略・戦術を検討します。建設各社によって戦略・戦術はおのずと異なると思われますが、下記に一般的な業種別の攻め手を記述します。

①社会福祉法人

都道府県及び市町村によって地域事情は異なりますが、特別養護老人施設などの建設費用については各自治体から補助金の支援があり、各法人は工事入札の前年には補助金の申請業務を自治体に対して行うため、その動向を探っていきます。

②商業施設

食品スーパーやドラッグストア等、商業施設の積極的な多店舗展開を行っている企業の場合は、大きくは出店を担当している開発担当（部門）と店舗の改修も含めた建設工事を担当している建設担当（部門）の２つに分かれている場合があります。

開発担当は常に新規出店を行うための土地を探しているため、どのエリアにどのくらいの広さの土地を探しているのかを聴き取り、該当する土地情報を提供しながら、顧客との関係性を深め、工事受注機会をつくっていきます。

③賃貸マンション

賃貸マンションは土地所有者が相続税対策で建設工事を行う場合と、個人が資産運用目的で行う場合とがあります。どちらの場合も建物建設によるメリットを収支計算書などの提案資料により訴求していきます。

(2) 商品市場の戦略・戦術

商品市場は、建設商品単体で戦略を立案するよりも、組み合わせとしての顧客市場と紐づけて検討した方がよいです。例えば次のような組み合わせです。

- **【特別養護老人施設】** 前述の通り、「補助金ありき」の傾向があるため、各市町村が年度ごとにどの程度（件数等）の施設建設を事業として予定しているのか、そしてそれに呼応する社会福祉法人の動きがどうであるのかを探っていきます。
- **【大規模改修工事】** 築10年を超える前施工物件を手掛けた既存客及び旧客をリストアップし、改修工事の営業をかけます。

(3) 地域市場の戦略・戦術

地域市場は、支店・営業所の市場と組織のポテンシャルから戦略・戦術を検討していきます。ポテンシャルの検討については次のようなことがあげられます。

①市場ポテンシャル
管理顧客の数（客数）と質（顧客との関係性と今後の発注可能性）の状況
②組織ポテンシャル
営業及び積算・施工の人員も含めた支店・営業所のマンパワーの状況

6. 営業戦略　⑥方針・目標・計画・活動の法則

筆者が中堅・中小建設業の営業コンサルティングを行った際、年度の方針や活動の施策では、営業部方針などとして打ち出しているにもかかわらず、結果的には、ほぼ１年間有名無実で終わってしまっている営業部門を少なからず見てきています。

どんなに立派で高尚な方針や戦略を立てても、お題目のように終わってしまう営業部門には共通している点があります。

(1) 方針や戦略と整合した目標を決めていない

例えば、「新規顧客開拓」という方針を決め、医療福祉や物流施設開発などにターゲットを定める戦略を立案したとします。そこまではよいとして、「それでは具体的に新規顧客開拓の成果としての目標は？」と尋ねると、決めていない場合があります。

新規顧客開拓の成果を新規の顧客数とするのか、件数や受注金額とするのか、あるいはそれらの組み合わせとするのか、いずれにしても具体的に数値などの成果を測れる形で目標設定しないと意味がありません。目標を具体的に決めておかないと、１年経過した際に達成度や実行度がどの程度であったのかが曖昧な表現（「まあまあできた」「少し足りなかった」）でお茶を濁すこととなります。

(2) 目標と整合した計画を立てていない

方針や戦略と整合した目標までは設定したとしましょう。ですが、具体的な計画が部門として、あるいは個人レベルでつくられていないという問題もよく目にします。

仮にですが、１人の営業が１年間で５件の新規顧客を開拓するという目標を設定したとします。さて、それでは１年で５件の新規顧客を獲得するためには、新規のターゲット顧客を何社リストアップしなければならないでしょうか。そして、毎月、毎週、日単位でどのくらいの件数の顧客訪問が必要でしょうか。

特に建設企業で“待ちの営業”を行っている営業担当者の場合には、自ら進んで新規訪問を行う人はまれです。既存客で工事見込案件があると、新規訪問が遠ざかる傾向にありますし、受注目標の達成度は人事考課などの営業成果として評価していても、新規顧客開拓を成果のひとつとして評価していない場合には、なおのこと後回しとなってしまいがちです。

(3) 計画通りに営業活動ができていない

目標と整合した計画として、新規客のリストアップや活動計画まで立てたとしましょう。だとしても、最後は計画通りに顧客訪問活動ができていない場合もあります。

これは、前述のように既存客の見込案件のみに軸足が置かれ、結果として新規訪問活動が計画通りに進まないということです。いわゆる“計画倒れ”の活動に陥ってしまいます。

新規顧客訪問に限らず、営業活動が計画倒れで終わってしまう営業部門に多い傾向は、普段の営業活動を営業担当者任せにしているようなところがあります。

(4) 方針・目標・計画・活動を一致させる

以上のように戦略を具現化していくためには、下図のような「方針（戦略）・目標・計画・活動の法則」に基づき、方針や戦略と整合した目標を決め、計画を立て、それを活動に展開していくという、ごく当たり前のことを徹底することです。

そのためには、方針・目標・計画・活動が一致するように営業管理職が月、週、日の単位で営業個々人の活動をチェックしながら、計画と活動とのズレがあれば軌道修正が図れるように指導力を発揮することが求められます。

＜方針（戦略）・目標・計画・活動の法則＞

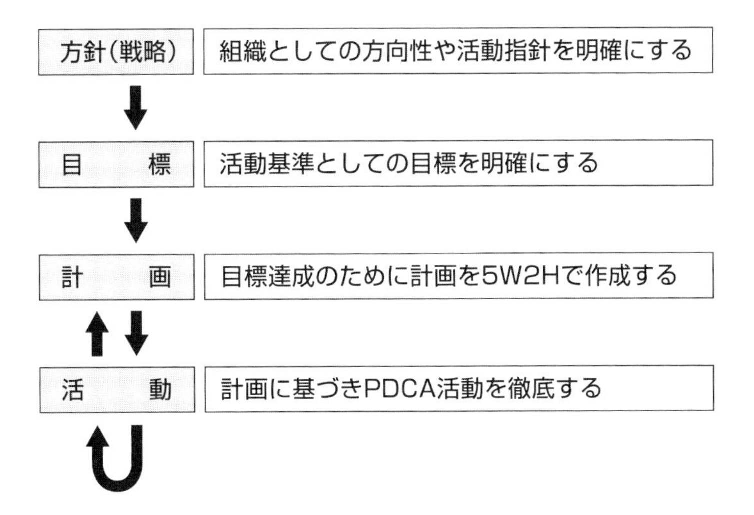

7. 計画的な営業　①建設営業活動のマネジメント

(1) “攻め”の営業で潜在需要を開拓する

国内景気が好調な時は企業の設備投資も活発となり、建設営業も、顧客からの引き合い案件が豊富にあり、建設企業は発生した工事案件に対して、それをただ頑張って刈り込むだけの顕在需要刈り込み型の“待ち”の営業スタイルでよかったのです。そのため、工事受注も施工部門のキャパシティの範囲で選別できる余裕もありました。

しかし、景気が後退期に入ると、工事見込案件や顧客の需要が極端に落ち込み、競合他社も多く存在するため、受注の絶対量を確保することが困難となってきます。そのような場合には、顧客の潜在ニーズを掘り起こしたり、提案営業で需要を新たに拡げる潜在需要開拓型の“攻め”の営業スタイルが求められます。

筆者が営業研修などで全国の建設企業を訪問した際に感じられることは、各企業とも全般的に営業活動でうまくいっていない点があり、多く見られるのが「新規攻略客への継続訪問を行っていない」あるいは「訪問が見込客ばかりに集中しすぎる傾向がある」という状況です。

これらの企業に共通して言えることは、ほとんどの営業担当者は既存客や見込案件のある顧客の訪問に偏り、戦略的な観点で工事見込案件を掘り起こす活動を行っていないということです。これは言い換えれば、営業担当者は受注可能性のある工事見込案件を追いかけることばかりに没頭しがちであるということでしょう。

営業担当者は、受注目標を達成することが最大の使命である点からいえば、これは必ずしも間違った行動ではないかもしれません。しかし、営業担当者がこのような工事見込案件の刈り込みばかりに注力していると、戦略的な営業活動や新たな工事見込案件の発掘がままならないため、安定的な受注成果をあげることは難しくなるといえます。

筆者は実際に見込案件の刈り込みの営業しか行っておらず、受注目標は達成できていても新たな案件開発を怠っていた営業担当者が翌年、受注が全くあがらず不振に喘ぐというケースも数多く見てきました。

このような点からもターゲット顧客を定め、戦略的・計画的に潜在需要を喚起する攻めの営業が求められます。

(2) 計画的な営業活動の重要性

そこで、戦略的に定められたターゲット顧客に対して継続的な攻めの営業アプローチをするためには、計画的に営業活動を行うことが求められます。営業担当者が常に安定的に受注を確保し目標達成するためには、営業の活動を具体的に計画し、評価し、絶えず見直しを図るプロセス管理を行うことが重要なのです。

計画は「年・月・週・日」の単位で立てることが望ましく、同じようにその活動結果を年・月・週・日の単位で会議体などを通して振り返ります（企業の目標設定の期間に応じて半期、四半期単位で計画・振り返りを行うことも考えられます)。振り返った活動結果をふまえて、問題点や改善点を抽出し、次の営業計画に活かすようにすることが必要です。

次頁に、建設営業活動をマネジメントサイクルの流れで、図表に示しておきます。

<建設営業活動のマネジメントサイクル>

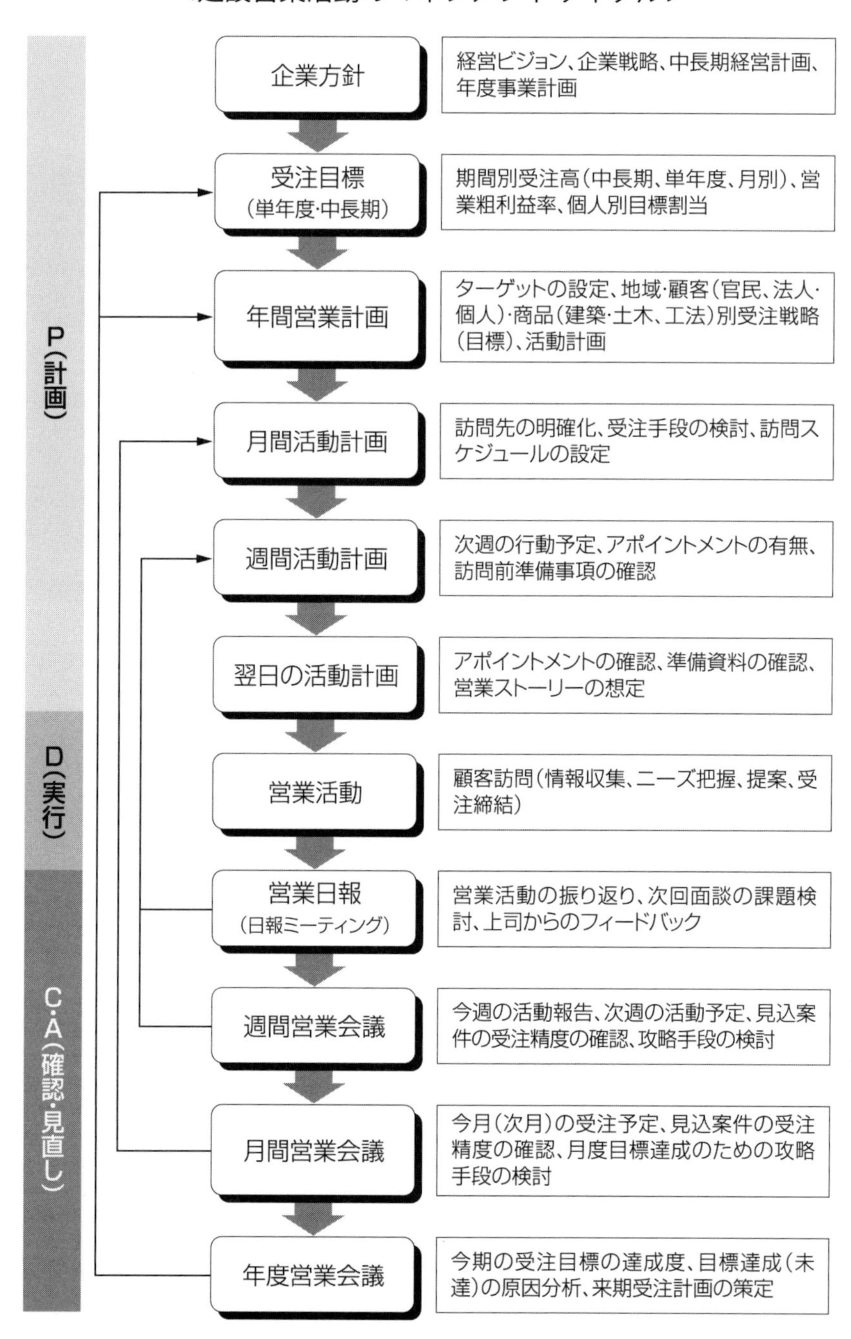

8. 計画的な営業　②受注目標達成のための年間計画

(1) 年間目標達成のための計画立案の重要性

まず、1 年間の受注目標を達成するための受注対策を立案する必要があります。「1 年間なんて、先のことはやってみなければわからない」というようでは、あまりにも無計画で何の戦略性もありません。

受注対策の立案に当たっては、期間中に受注できると思われる見込案件を洗い出し、総計でどのくらいになるかを試算します。

このアプローチは、この章の冒頭の P.138「営業戦略　①受注目標と数値検討」でご説明した期初に受注引き当てができると思われる工事見込案件の総計である「基礎数値」と、受注目標からこの基礎数値を除いた不足数値である「挑戦目標」を出発点とします。営業担当者は、この挑戦目標の数値を達成するための対策をいかに立案するかが、まさに腕の見せどころとなります。

対策は戦略的に取り組む必要があります。５Ｗ２Ｈによって全体のストーリーを描きます。「誰（顧客等）に対して、いつ、どこで、何を、どのような目的で、どのような方法で、いくらぐらいの受注金額を見込むか」を具体的にイメージできるようにします。

(2) 年間計画立案の重要性

年間計画は、１年間の受注目標を達成するために営業部門全体（営業管理職が作成）及び、営業担当者が個別に作成していきます。部門全体の場合は、年間を通した具体的な戦略としての顧客、商品、地域別の重点市場を明確にした上で活動方針と全体の受注目標達成のための方策を明記します。

営業担当者の場合は、受注目標達成のベースとなる「基礎数値（期初に受注引き当てを見込んでいる数値）」と「挑戦目標（受注目標から基礎数値を除いた目標達成に必要な、これから確保すべき受注数値）」を明確にした上で、それぞれの受注対策を同じく顧客別あるいは商品、地域別に具体的な計画として落とし込んでいきます。

年間計画作成に当たっては、個別の見込案件ごとに今期内に完成工事となる受注予定案件であるのか、来期以降の繰越工事となる案件なのかを区分して数値を算定することが求められます。営業としては、会社の受注目標の達成もさることながら、完成工事高の目標を達成することも極めて重要です。

受注目標は、企業によって半期ごとに設定しているところもあります。また、期の前半と後半では営業としての年間受注目標数値は変わりませんが、前半戦が終了した段階で市場環境の変化や企業の実績（期内完成工事高の状況等）に応じて見直しが迫られる場合も想定されます。このような場合には、半期の計画を年間計画と同様に作成します。

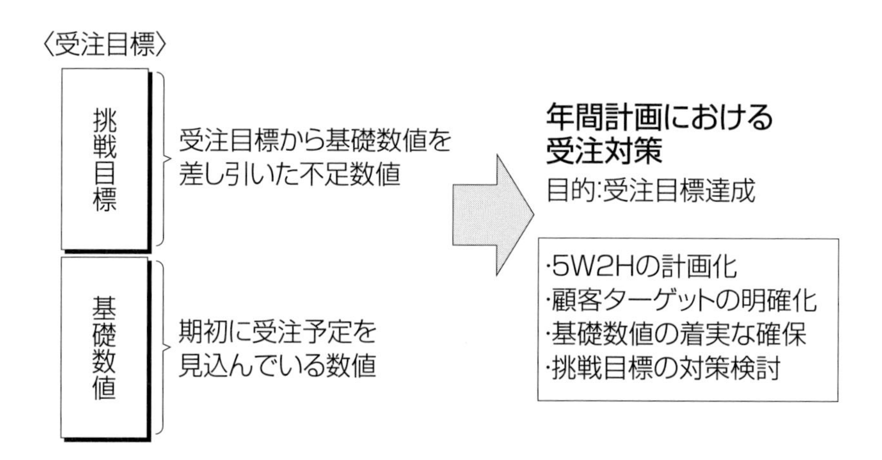

(3) 年間計画立案の実際

P.162「年間計画書」の記入例を見てください。まずは、担当顧客の工事見込案件ごとに上記（1）、（2）であげた基礎数値（表の③⑥「引当予定計」）を、今期完工予定と来期以降完工予定に区分して算出します。

工事見込案件ごとに、必ず見込度と対策を記入します。基礎数値と言っても見込度の低い案件もあり、見込度の高い案件も受注が100%ということはなく、必ず不確定要素や不安要素があるはずです。そのために、それらに対する対策をきちんとあげておきます。

次に、受注目標の不足分である挑戦目標（表の⑦「受注目標残数値」）の対策を記入します。挑戦目標は、顧客や工事見込案件が具体的に見えていればそれらを記入し、上記同様に不確定要素や不安要素についての対策を十分に検討しておきます。

顧客や工事見込案件が具体的に見えていないものについては（期初はこのような場合が多いと思われる）、本章のP.152「営業戦略　⑤戦略市場の検討」でご紹介した戦略的な市場アプローチを行うべき顧客や業種、地域などの括りで計画を立案します。

(4) 年間計画の見直し

ある建設企業では、せっかく労力をかけて作成した年間計画を、上司に提出して承認を受けたらそれで終わりで、計画書が自分のデスクの引き出しの中で1年間埋もれてしまっている、などという例がありました。

年間計画は半期、四半期の単位で定期的に見直しをかけることが必要です。見直しによって、目標数値達成に向けた新たな方策を検討しなければなりません。年度の終わり頃になってから、達成率が悪いとあわてて挽回しようとしても、打つ手がなくなってしまいます。

年間の受注目標を達成するためには、工事現場に工程計画や工程管理があるように、受注も半期、四半期、月単位で年間受注目標に対する進捗管理を行います。

1年間をひと括りに捉えるのではなく、12ヵ月のそれぞれの月の単位の中で検討し、受注予定よりも遅れやズレがある場合には、常に対策を練り直し、計画の見直しを図らなければなりません。

<年間計画書>

❶今期受注目標	1,500,000	千円

今期完工予定　　単位：千円

見込度	特命案件		競争入札案件		総計		受注確率	受注引当予定数値
	件数	見込額小計	件数	見込額小計	件数計	見込額計		
A	3	390,000	1	150,000	4	540,000	80%	432,000
B	0	0	0	0	0	0	50%	0
C	0	0	3	180,000	3	180,000	30%	54,000
D	0	0	0	0	0	0	10%	0
			❷今期完工受注見込額計		7	720,000	❸引当予定計	486,000

来期以降完工予定　　単位：千円

見込度	特命案件		競争入札案件		総計		受注確率	❹受注引当予定数値
	件数	見込額小計	件数	見込額小計	件数計	見込額計		
A	0	0	0	0	0	0	80%	0
B	1	400,000	1	400,000	2	800,000	50%	400,000
C	0	0	2	425,000	2	425,000	30%	127,500
D	0	0	0	0	0	0	10%	0
			❺来期以降完工見込額計		4	1,225,000	❻引当予定計	527,500
					❼受注目標残数値（(❸+❻)−❶）			−486,500

部門：営業部　氏名：佐々木　弘毅

顧客市場（顧客名）	工事件名	施工場所	受注予定金額	見込度		完工時期	受注戦略・戦術	受注予定時期	成果	備考
				特命・競争	見込度					
A社	事務所建替え計画	X市	130,000	K	C	今期	競争見積りとなるため他社の動向を探る	2023年5月		
B社	テナントビル新築計画	X市	25,000	K	C	来期以降	概算見積りで上位の業者となり設計事務所との情報共有を図る	2024年1月		
C社	事務所・倉庫新築	X市	230,000	S	A	今期	施主要望ヒアリングを行い、プラン提案・概算見積を行う	2023年4月		
D社	倉庫・休憩室新築	Y市	400,000	K	C	来期以降	土地情報・プラン提案から概算見積を行う	2024年3月		
E社	第2工場改築	Y市	110,000	S	A	今期	先方社長、工場長からの要望を聞き取り、要望を満たしたプラン提示を行う	2023年5月		
F社	倉庫新築	Y市	50,000	S	A	今期	施主要望ヒアリングを行い、要望を満たしたプラン提案を行う	2023年6月		
G社	解体工事	Y市	50,000	K	C	今期	まずは解体工事を受注し、その後の工場新築につなげる	2023年4月		
G社	工場新築	Y市	400,000	S	B	来期以降	施主要望ヒアリングを行い、要望を満たしたプラン提案を行う	2024年2月		
H社	事務所・作業場増築・改修	Y市	150,000	K	A	今期	施主要望ヒアリングを行い、要望を満たしたプラン提案を行う	2023年4月		
I社	建替え計画	Y市	400,000	K	B	来期以降	施主要望ヒアリングを行い、プラン提案・概算見積を行う	2024年12月		
	不足数値としての挑戦目標を達成するための対策を記入する									
J社	ドラッグストア新築工事	県南地域	60,000（30,000×２）	K	C	今期	県南地域に今年2店舗の出店を予定しているため、J社開発部と設計会社の情報収集を密に行う	2023年内		
新規顧客（製造業）	維持修繕工事	X市、Y市	10,000（1,000×10社）			今期	スポット的な維持修繕工事の受注から顧客関係を構築していく	2023年4月～2024年3月		
官庁（Z県）	県土木工事	X市、Y市	300,000			今期	今期は護岸工事の発注が見込まれるので積算部、土木部と連携して受注に繋げる	2023年9月		

顧客市場はターゲットに基づき社名が特定できれば社名を記入する。これから開拓する新規顧客については業種等である程度くくって表現して良い。

工事物件名が具体的にあげられれば記入する

千円単位
受注予定金額又は受注獲得目標金額

特命工事をS、競争工事をKで記入する

見込度をA～Dで記入する

受注後に今期完工か来期以降の繰越となるかを記入

受注獲得のための攻略方法、促進手段などを記入

工事受注予定の年月を記入

年度終了後に記入

9. 計画的な営業　③月間・週間計画による活動管理

(1) 月間計画の作成

前述の年間計画が受注目標を達成するためのマクロ的な戦略計画であるとすれば、「月間計画」はミクロ的な戦術計画となります。

月間計画は次の４つの目的で策定します（P.166「月間活動計画書」参照）。

①月ごとの受注目標の実行計画として活用するため

月ごとに求められる受注目標を達成するために、工事見込案件の促進と刈り込みを行うための実行計画として活用します。月ごとに受注目標を定めていない場合は年度受注計画の12分の１の数字を使います。

②次月以降の見込みを確保するため

当月の受注確保はもちろんのこと、次月以降の見込みの数字も確保するために計画的に活動します。この方法をアドバンス営業あるいは先行管理ともいいます。

③営業活動の明確化

ターゲット顧客（既存客、旧客、新規客）に対する今後１ヵ月の営業活動を５Ｗ２Ｈの観点で明確にすることで、より能動的な営業活動が可能になります。

特に現実の営業活動は、工事見込案件が顕在化しており、かつ直近で工事受注が見込める予定の顧客への訪問活動が主となり、すぐに工事受注が見込めない顧客には足が向かなくなりがちです。

だからこそ、月間計画でバランスよく顧客訪問活動の計画を立てねばなりません。

④振り返り

前月の営業活動を振り返って、活動計画が未消化で終わったり、計画通り進まなかった案件や事項など反省点を洗い出します。次の月間計画は対策を含めた計画にすべきです。

振り返りでは特に次の点を確認すべきです。

- 月の第１週から第５週まで計画通り訪問できたか。
- 営業段階や見込度は月初に計画した目標に達したか。
- 受注目標を達成する計画として不備はなかったか。

具体的には、１ヵ月間に訪問すべき顧客はすべて計画に落とし込みます。その中から、見込ランクの設定（P.186「プロセス管理　⑤工事見込案件の管理」/第４章-15.参照）と受注予定金額を明確にします。次に顧客ごと、見込度の高い工事見込案件ごとに、顧客攻略のための戦術（受注するための手段・方法）と優先順位に基づく訪問予定時期（日にちもしくは第何週など）を明確にします。

官庁工事のように、工事物件によって発注予定などが必ずしもはっきりしないものについては、

①発注時期
②工事施工場所
③入札形態（指名、一般競争、総合評価等）
④工事入札ランク
⑤予定価格（概算で可）

などの各情報を１ヵ月の間でどのくらい深く、また精度高く情報収集するのか、目標設定する上で計画化します。

(2) 週間計画の作成

「週間計画」は、月間計画で立てた活動予定を週単位できめ細かく落とし込んでいく活動です。一般的には週末（木曜日または金曜日）に次週の計画として作成します。特に重要な記入項目としては、以下の通りです。

①顧客に対するアポイントメントの時間を含めて訪問顧客、日時、場所を明記します。
②訪問に際しての目的を明確に記入します。これは営業プロセスの段階に沿ってあいさつ、ニーズ把握、見込みのランクアップ、予算確認、発注時期確認、競合他社の動向把握、技術提案、見積書提出、支払条件確認、契約締結等々の訪問目的を計画時に明らかにしておきます。
③訪問目的に基づき準備資料（見積書、図面、提案書等）を用意します。特に資料作成に時間を要するものは、作成期限も明確にするべきです。

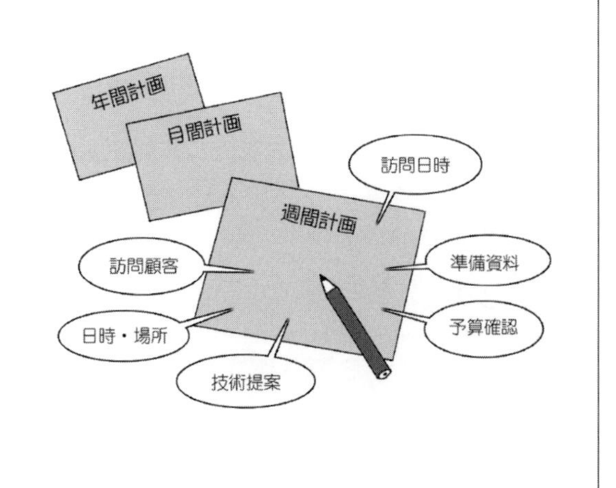

特に上記②の目的については、いつも「ごあいさつ」や「表敬訪問」とだけ記入する営業担当者を時々見かけますが、このようなあいさつ訪問だけの活動はすなわち「御用聞き営業」であり、顧客に建設動機がなければ新たな工事見込案件発掘はなかなかおぼつきません。何か有効な営業活動となるように、目的意識を持って訪問する場合と目的意識なしに訪問する場合とでは、その訪問結果に大きな差が出てくるものです。

＜月間活動計画書＞

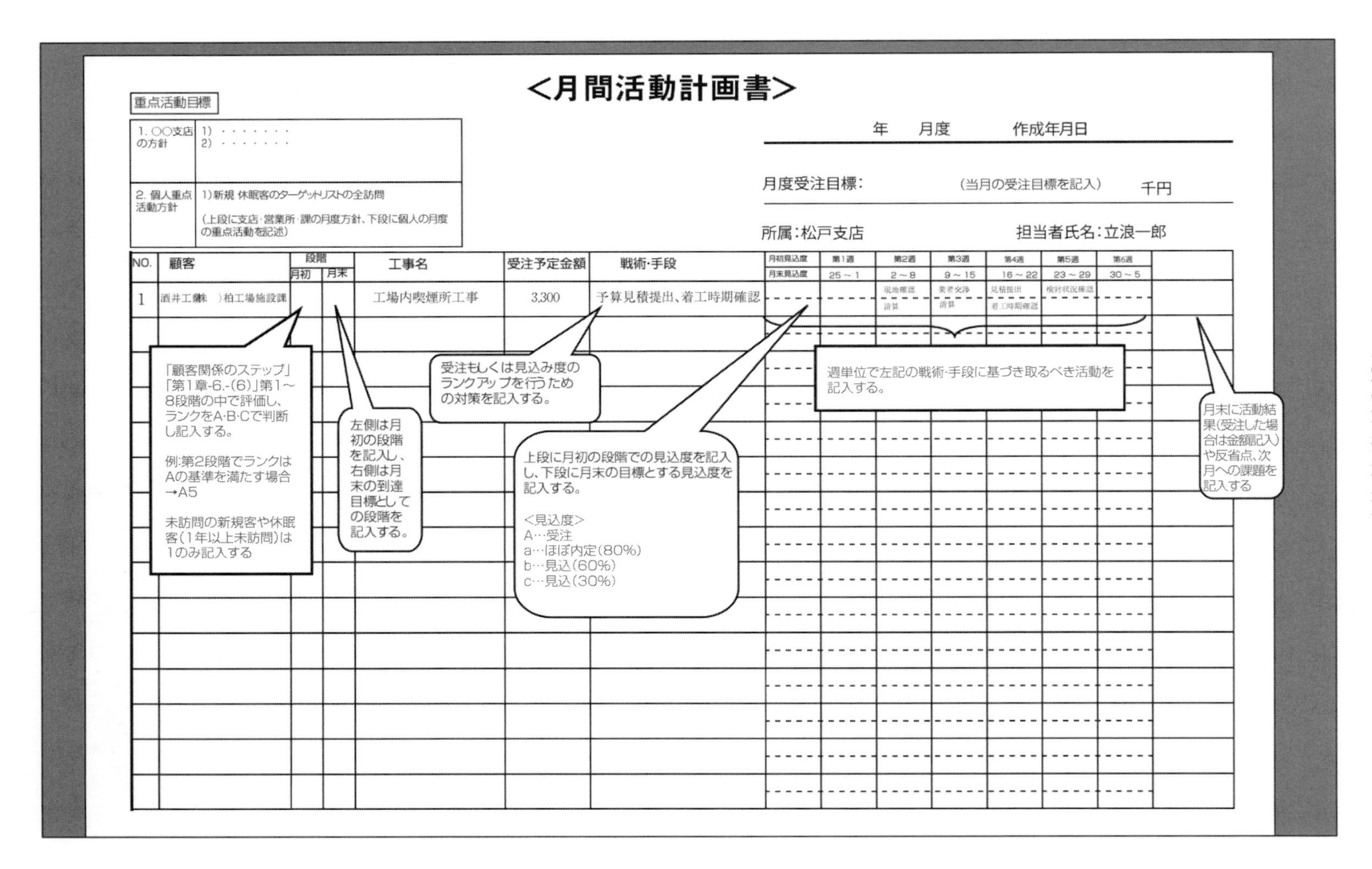

＜月間活動計画書＞

重点活動目標

1.〇〇支店の方針	1)・・・・・・・ 2)・・・・・・・
2.個人重点活動方針	1)新規 休眠客のターゲットリストの全訪問 (上段に支店・営業所・課の月度方針、下段に個人の月度の重点活動を記述)

年　月度　作成年月日

月度受注目標：　（当月の受注目標を記入）　千円

所属：松戸支店　担当者氏名：立浪一郎

NO.	顧客	段階 月初	段階 月末	工事名	受注予定金額	戦術・手段	月初見込度 / 月末見込度	第1週 25～1	第2週 2～8	第3週 9～15	第4週 16～22	第5週 23～29	第6週 30～5	
1	酒井工業(株)柏工場施設課			工場内喫煙所工事	3,300	予算見積提出、着工時期確認			現地確認 / 清算	業者交渉 / 清算	見積提出 / 着工時期確認	検討状況確認		

<営業週間計画書・報告書>

【営業週間計画書・報告書】

期間		2023年4月1日	4/23 ～ 4/29	氏名	立浪　一郎		
日時		計画		実施			
		訪問先	訪問目的	訪問先	面談者	民間営業活動データ	
4/24	9時	酒井工業柏工場	新工場建設情報収集	酒井工業柏工場	松村課長	1.総訪問件数	5
月	10時	マスミスーパー	改修工事情報収集	マスミスーパー	西常務	2-1)新規商談件数	0
	11時			JA柏	今井組合長	2-2)継続商談件数	4
	12時			手賀沼工業柏工場	福島係長	3-1)新規訪問件数	1
	13時	JA柏	植物工場提案	三美志自動車松戸工場	不面	3-2)新規面談件数	0
	14時					3-3)新規商談件数	0
	15時	手賀沼工業柏工場	改修工事見積提出				
	16時						
	17時						
4/25	9時	我孫子蕎麦本舗	新店工事の予算聞き取り			1.総訪問件数	
火	10時					2-1)新規商談件数	
	11時					2-2)継続商談件数	
	12時					3-1)新規訪問件数	
	13時					3-2)新規面談件数	
	14時					3-3)新規商談件数	
	15時						
	16時						
	17時						
4/26	9時					1.総訪問件数	
水	10時					2-1)新規商談件数	
	11時					2-2)継続商談件数	
	12時					3-1)新規訪問件数	
	13時					3-2)新規面談件数	
	14時					3-3)新規商談件数	
	15時						

訪問目的を具体的に記入すること

営業以外の現場の施工管理や設計、積算などの内勤業務も行動予定の中に入れる

10. 計画的な営業　④明日の行動準備はできているか

「翌日の計画」は訪問日の前日の夕方に、訪問に際しての準備・確認を行う計画です。可能であれば書面化するのがベターですが、必ずしも計画書として書面に表さなくてもよいです。

大事なことは、翌日訪問する先のアポイントメントの確認や資料の用意・確認、訪問行程（午前中の予定、午後の予定）の確認、顧客に対する営業ストーリーの想定（訪問目的を果たすための顧客との折衝方法、話法展開）などを十分に行うことです。

営業担当者が朝の出社時に「今日はどこへ行こうか」などと何も予定を立てずに臨むと、１日がほぼムダで非効率な活動に終わってしまう可能性が大です。

営業担当者は前日のうちに翌日の訪問予定を綿密に立て、事前準備をしっかり行うことが効率的な営業活動につながります。

翌日の営業活動の準備のために次頁のようなチェックリストによって、準備や確認にミスのないようにするとよいでしょう。

＜明日の行動準備チェックリスト＞

	確認事項	チェック
1	明日の訪問予定企業の時間・場所はすべて計画しているか。	
2	顧客のアポイントの時間は確認しているか。	
3	1件目の顧客に訪問するために会社を出る時間を確認しているか。	
4	訪問予定企業の訪問目的を明確にしているか。	
5	前回訪問時の宿題や回答すべき事項についての準備は怠りないか。	
6	見積書や図面、提案資料などの提出物は用意はしたか。	
7	提出資料は人数分用意しているか。	
8	作成書類に記入漏れ、計算ミス、誤字・脱字などはないか。	
9	提出資料について上司の確認印が必要なものは決済をもらっているか。	
10	顧客に面談した際に話すべき内容はすべて頭の中で整理できているか。	
11	顧客から想定される障害や反対意見について対応策を準備しているか。	
12	同行者との待ち合わせ時間・場所はお互いに確認済みか。	
13	明日連絡を取るべき先の電話番号や連絡を入れる時間をメモしているか。	
14	電卓、デジカメなどの道具を携帯しているか。	
15	今日行うべき仕事を明日に延ばしていないか。	

＜行動予定表＞

時間	訪問予定先	面談予定者	訪問目的
8:00			
9:00			
10:00			

11. プロセス管理　①建設工事の営業プロセス

仕事（工事見込案件）が市場において潤沢にある場合は、営業が比較的容易に受注ができます。これは、顕在化した需要を営業が単に追いかけてさえいけば成果が見えるものでした。このような営業スタイルを「顕在需要刈り込み型営業」といいます。

しかしながら、経済環境の変動により市場が冷えてくると仕事が減り、受注獲得が困難になります。官公庁の予算に制約を受ける官庁工事の営業と比較すると、民間工事は営業努力により仕事量の減少を克服できる要素があります。

このような局面において、営業は顧客からの“引き合い”に頼らずに積極的に顧客ニーズを引き出し、提案し、自社優位性を促進しながら受注に結び付けていかなければなりません。なぜなら、待っていたのでは仕事が来ないからです。このような営業スタイルを「潜在需要開拓型営業」といいます。

「顕在需要刈り込み型営業」は、施主・発注者が建設工事を検討し、予算化し、図面が出来上がった状態で複数の建設業者からの入札を依頼する形態になりがちです。

「潜在需要開拓型営業」を促進していこうとすると、建設工事の初期段階、つまりは川上の段階で他社よりも先駆けて営業を仕掛けていくことが肝要です。

ここでは、建設営業のプロセス管理について、建設工事の案件がどのような過程をふんで最終的に入札・契約となるのかを解説していきます。まずは、法人企業に対する民間工事の営業プロセスについて、次の５段階で示します。

(1) 第１段階-建設工事企画

工事見込案件の最初の出発点は、顧客（施主・発注者）が建設工事を企画するところからスタートします。このスタート段階では、建設工事の詳細の内容が固まっていないこともよくあります。例えば、建築工事であれば、建物の規模が決まっていない、予算もこれから検討し、金融機関と協議する、土地も探さないといけない等々のアバウトな状態であったりします。

逆に言えば、建設営業担当者は建設工事の企画段階から参画できれば設計施工などの特命工事に持ち込める可能性も出てきます。

この段階では、まずは顧客が建設工事に至った建設動機（目的）を聴き取るべきです。勘違いされては困るのですが、我々建設業者が顧客に提供している建設工事は単に建物とか土木構造物という物（もの）ではありません。施工後の建設工事を引渡し、提供することによって顧客の事業や人の生活をより良くするためのものであるはずです。

例えば、製造業で工場や倉庫を新たに建設する時にはどのような動機があるでしょうか。顧客のところで製造している製品の需要が非常に増して、増産に次ぐ増産となったとします。顧客の会社では、当座は改修工事として製造ラインを増やすという選択肢があるかもしれませんが、それだけではカバーしきれないとなると、新たな工場建設を検討することになります。

また、製品の増産に伴い、従来の製品を在庫しておくスペースが手狭になったりすると、新たな倉庫の建設が求められるでしょう。

営業担当者は顧客から工場を建てたい、倉庫を建てたいと言われたら、単に建物のハードの話に終始するのではなく、「なぜ建てるのか」という建設動機も把握しておかなければ、この後の段階で自社がイニシアティブを持って営業を進めていくことはできないでしょう。

この段階では、建設動機（目的）以外には、ある程度の工事の概要を確認できる範囲で聴いておくとよいでしょう。いつまでに建物を建築したいのか（竣工時期)、予算はどのくらいを予定しているのか、設計会社は決まっているのか等々について聴いておきます。

また、建設工事に当たって顧客側のキーマンとなる人物は誰なのかも、この段階で探っていけるとよいです。

(2) 第２段階-基本設計

建設工事が最初はアバウトな状況で企画されていたものが、徐々に内容が定まってくると、実際の建物のアウトラインを決める基本設計段階に入ります。

この段階では、顧客から建設工事の仕様や予算を聴き取る情報収集活動が求められます。また、設計の主体が自社設計として建設会社が設計施工で動く場合と、他社設計（設計会社）の場合とがあり（自社設計、他社設計は建設工事企画の段階で決まる場合が多い)、他社設計で進める場合には顧客と合わせて、設計会社ともコミュニケーションを取りながら進めていく必要があります。

工事施工会社としては、自社設計の場合はもちろんのこと、他社設計の場合においても基本設計の仕様に合わせた概算見積などの支援活動を行うことで、顧客や設計会社との関係性を深めていきます。

(3) 第３段階-実施設計

基本設計が終わり、より詳細な確認申請の図面となる実施設計の段階に入ると、特に最終請負金額としての顧客予算と実際の設計後の予定見積金額との差異がないようにしなければなりません。

工事入札日を確認し、他社設計の場合にはそれから逆算した図面上がり（実施設計図面の完成）とその後の積算見積のスケジュールをにらみながら情報収集を進めていきます。

また、併せて工事入札に向けて競合他社の動向などについても顧客や設計会社等から情報収集していきます。

(4) 第４段階-積算見積、入札

工事見込案件を顧客が判断するに当たり、建設企業は顧客の要求に沿った積算見積を行い、工事入札において見積書を提出します。

この段階においても競合他社との情報戦となるため、一番札である最低見積価格がどのラインであるかを顧客や設計会社から可能な範囲で情報収集していきます。

そして見積価格について、具体的な価格交渉が顧客との間で発生します。顧客との予算面で開きがあれば、「ＶＥやＣＤ（コストダウン）」の提案を行い、歩み寄ります。

この工事入札の段階で競合他社を押しのけて勝者となるためには、それまでの段階ごとに顧客との関係性を深め、自社が本命企業（顧客が工事を依頼するに当たって一番手と考えている建設業者）となることが絶対的に優位となります。

(5) 第５段階-契約、アフターセールス

契約条件（支払条件等）が顧客と自社との間で合意し、確認が取れれば契約締結となります。契約後は工事着工・施工に際しては、営業段階で聴き取っている顧客からの要求事項を工事現場の担当代理人に的確に伝達・引き継ぎを行うとともに、工事に関連して、起工式[1]、上棟式などの関連式典の手配も営業担当者の仕事です。企業や案件によっては、近隣へのあいさつを営業担当者が工事部門と連携して行うこともあります。

工事中は、顧客とのコミュニケーションを図りながら、設計変更への対応（契約内容の変更等）や定例会議（顧客や設計会社との建設工事の定期協議）への参加等も工事部門と連携して行うことになります。工事完成後は引渡しの手続きを工事担当者とともに行い、工事代金の請求を行い、場合によっては工事竣工のパーティの手配・段取りなども行います。

完成・工事引渡し後は、施工物件の使用後の状態（雨漏りはないか、設備の稼動は順調か）を確認し、クレームや不具合があれば技術部門とも協議して誠実な

対応を図ることになります。このような対応によって、継続工事や新規顧客の紹介などを促進することにもなります。

以上が、民間工事の営業プロセスの概要です（下記「建設工事の営業プロセスフロー」図参照）。民間工事は競合他社も多く、普段から地道で幅広い営業活動を行っていないと、競争に打ち勝つことはできません。

この後、建設工事の営業プロセスをどのように営業担当者が主体的にコントロールし、目論見通りに工事受注につなげていくかを順次解説していきます。

<建設工事の営業プロセスフロー>

①建設工事企画
・設計事務所は決まっているか ・顧客の建設動機（目的）は確認できているか ・建設予定の土地は確保済か ・着工時期、竣工時期はいつ頃を予定しているか ・顧客のキーマンは誰か、接触できているか

②基本設計
・仕様と予算の確認ができているか ・概算見積協力や収支事業計画などの提案活動ができているか

③実施設計
・図面を早期に入手するための情報収集活動ができているか ・自社が本命業者となるための顧客への働きかけができているか ・競合他社を確認できているか

④積算見積、入札
・積算に当たっての不明点の質疑や推薦業者の確認ができているか ・最低札のラインをどこまで読み切れているか ・顧客要望に合わせたＶＥ・ＣＤ提案や工期圧縮を関連部門と詰めているか

⑤契約、アフターセールス
・契約に当たっての支払条件を顧客と折衝できているか ・顧客からの要求事項を現場代理人に円滑に引き継げているか ・工事着工後、竣工後の顧客フォローを適宜実施し、関係性を深めているか

---

1. **起工式：**工事着工に当たり、土地を清め工事の安全と神様の加護があるようにお祈りをする儀式で、別名「地鎮祭」と呼ぶ。

12. プロセス管理　②建設工事情報の収集

建設工事のプロセス管理を進めていくに当たり、顧客や関係先（設計会社、金融機関、紹介者等）から日々の商談の中で情報収集活動をより深く広く多角的に行っていく必要があります。

(1) 工事見込案件の情報ルート

建設工事の見込案件情報を入手するルートは、主に「独自ルート」と「チャネルルート」に分かれます。

・**独自ルート**
①既存得意先
②新規顧客開拓先
③関連会社、系列会社
④役員・社員の親戚・同窓・友人・知人

・**チャネルルート**
①取引金融機関
②設計会社
③不動産会社
④協力会社の紹介
⑤資材会社の紹介
⑥顧客からの紹介
⑦同業他社からの情報
⑧その他社内人脈等の紹介者

「独自ルート」は、狭義の上での顧客としての施主・発注者であり、自社の保有顧客もしくは自社の地縁を活かした顧客ルートです。「チャネルルート」は広義の上での間接的顧客、もしくは施主の代理人・仲介者が大半です。

独自ルートもチャネルルートも、会社としての従来からの取引ルートと経営トップや幹部社員を通じた人脈などにより、取引の窓口を形成していることが多いと思います。

営業担当者は、これらの従来からの取引ルートをベースにしながら独自のルートや人脈づくりを行っていくことが大切です。

(2) 顧客要求事項の確認と課題の確認

情報ルートを通じた営業活動の中から、顧客との面談により工事見込案件を聴き出すことに成功したら、次の段階はより深く顧客要求事項を聴き出します。併せて、受注に際して課題となるものを確認して、その対策を検討することが重要となります。

顧客要求事項の主な確認事項は、次の通りです。

①工事事業計画の概要
②発注時期
③施工予定の場所
④発注方法
⑤工事着工時期・完工予定
⑥事業予算
⑦設計会社
⑧競合他社情報
⑨顧客推薦の専門工事業者・資材会社

顧客要求事項を確認すると同時に、受注に際しての課題を整理します。情報を整理・分析・評価するに当たっての課題としては、次の通りです。

1. 競合他社と顧客との接触状況
2. 土地調査（法令上の制限、敷地条件、地盤状況、権利関係、交通、地価等）
3. 取引関係調査（取引銀行、企業系列等）
4. 人脈関係調査（社内外の人脈関連の調査）
5. 施工実績調査（対象企業との過去の取引実績、同種工法の施工実績等）
6. 技術的検討事項（工事施工の技術的制約条件、概算見積、設計対応、ＶＥ・ＣＤ対応）

特に上記６.の技術的検討事項については、営業担当者が主体となって関連部門（設計・積算・工事・購買等）との連携を取りながら、情報の整理・分析・評価を進めていかなくてはなりません。

(3) 建設工事情報チェックシートの活用

建設工事の見込案件情報は、営業プロセスの初期段階である建設工事企画の場合においては、顧客の側の考えが不確定で曖昧な形でしか情報が得られない場合が多く、それが時系列的に段階を経るにつれて、情報の中身が濃くなってきます。

このような情報を工事見込案件ごとに整理し、次の手立てを検討する書式として、次にあげる「建設工事情報チェックシート」をご紹介します。

このチェックシートは、工事の見込案件ごとに入手できている情報を記載し、営業プロセスが現在はどの段階にあり、次の顧客訪問の時にどのような情報を入手すべきかを検討することに活用するものです。

<（参考例）建設工事情報チェックシート>

（参考例）建設工事情報チェックシート　2023年3月30日現在

顧客名	○○機械製造株式会社	工事名	第3工場改修工事	営業部	氏名	中谷　翔平

	1）建物に関する情報	確認済みの情報	チェック		2）土地に関する情報	確認済みの情報	チェック
1	建物の用途	工場及び事務所他		12	土地の所在地	左記所在地	
2	所在地	千葉県柏市		13	土地のプロフィール 用途地域	工業地域	
3	規模 （建築面積、延べ面積、階数等）			14	土地の所有権	自社所有	
4	建物の構造（工法）	S造		15	その他		
5	工事範囲	既設解体、及び新築工事			3）工事発注に関する情報	確認済みの情報	チェック
6	設計図面の有無	無		16	顧客のキーマン	井口社長、鳥越専務	
7	工事のグレード	Cランク		17	設計事務所の有無	無	
8	工事の難易度	普通		18	顧客と当社の人脈	第1工場を施工	
9	建築費予算	建築費3億円		19	資金計画の有無		
10	工事引渡しの時期	第3工場を解体し、事務所付工場の新築を検討中		20	競合他社の確認	現段階は当社特命	
11	その他顧客要望事項等			21	入札形態		
				22	その他	2023年4月　測量開始	

プロセス管理計画

	3月	4月	5月	6月	7月	8月	9月	10月
プロセス	機械配置検討（施主）	測量 配置図作成	プラン検討	概算見積	本設計 本見積			

①次回訪問予定日	
②面談予定者	
③訪問時に聞き出すべき事項、促進するべき事項	
④その他検討事項	

※上記の「チェック」欄には情報入手した日付もしくは情報の質（○：顧客への情報収集活動により、営業判断可能な情報が十分入手できている。△：情報はある程度収集できているが、一部不正確もしくは読み切れないところがある）などを記入する。

13. プロセス管理　③自社優位性の促進

工事見込案件を入手し顧客要求事項が明確になってくると、次の段階は競合他社に勝つために自社の優位性（ポジショニング）を高める活動が重要になります。つまりは、他社とのトーナメント戦において、最後の１社に勝ち残るための算段です。

他社との競合において、自社を優位に保つための主な促進要因を次に列挙してみましょう。

(1) 自社優位性の促進要因

①キーマンの確認・接触

法人企業の場合は、工事発注の鍵を握るキーマンとなる人を早く見つけ、直接アプローチすることが競合他社に先んじることになります。この場合、人脈などを利用して担当役員にアプローチを行う方法も有効ですが、すべての顧客企業にこのような方法は通用しません。普段の窓口担当者と親密な関係を築き、なるべく上位者や発注責任者に面談する機会を得ることが大切です。この場合、営業担当者が上司の営業部長や役員に同行してもらい、先方の上役と面談の場面をつくってもらう等の方法がよく取られています。

法人企業の場合は、１つの発注を行うに当たって複数の窓口が関与する場合が多くあります。そのため、対象顧客の社内事情を早くつかみ、関連する窓口に顔を出し、自社のＰＲに努めておくべきです。

②人脈を使ったバックアップ

取引銀行や系列企業などからの推薦､社外人脈を使ったアプローチなどにより､工事受注に際しての強力なバックアップをもらい、受注促進を図ります。

このようなバックアップが可能であれば、推薦状を書いてもらったり顧客企業に連絡を入れてもらったり、あるいは一緒に顧客企業に同行してもらうなどの積極的なアクションを取るべきでしょう。

特に銀行などの金融機関はビジネスマッチングといって、銀行の取引先を積極的に建設企業に紹介し、最終的に受注に至った場合は建設企業から手数料を受け取る仕組みが最近は一般的になってきました。

③顧客の事業化へのサービス支援

顧客の事業化を支援するための様々なサービスにより、顧客とのパイプを強くします。事業化のサービス支援業務としては、次のものがあります。

・**a.土地関連サービス**：事業用地の探索・斡旋・仲介協力、遊休土地や工場等の移転跡地についての有効活用提案などのサービス。
・**b.テナント対策サービス**：テナント入居事業者の紹介・斡旋、賃貸住宅などに見られる入居者の家賃保証、入居者の家賃集金や入退室などのトータル的管理などのサービス。
・**c.事業化計画立案サポート**：事業収支計画の立案、節税対策、資金対策などのサポート。
・**d.その他サポート**：許認可申請手続きの代行、人材募集・派遣の協力、施設オープン後の販促支援または販売協力、賃貸住宅の入居者の募集・契約・家賃管理等のサポート。

④技術提案

建設工事の技術的な課題に対応することは、建設価格はもちろん、価格以外の要素で他社と差別化する重要な優位性の発揮となります。そのためには、設計・積算・工事・購買など関連部門との密接な連携が大切です。

(2) 営業プロセスの段階別自社優位性の促進要因

営業プロセスの段階ごとに、自社優位性の促進要因について考えてみましょう。

①建設工事企画

この段階では土地を探している顧客には土地を持ち込んだり、特に設計会社が決まっていなければプラン提案などを通して自社設計に持ち込むなど、競合他社が入り込む前に自社が先手を打っていきます。

また、この段階では顧客の側もおおよその工事に掛かる費用を知りたいので、大雑把でも工事金額の提示（超概算）を行ったり、簡単なプラン図面を提示したりする場合があります。

②基本設計

この段階では上記①よりも、さらに精度の高い概算見積金額を提示して、顧客の予算との整合性を検討します。この段階の顧客提示金額が、のちに実施設計段階での見積金額と大きな差異が生じると、自社に決まるべき見込案件が競合他社に流れてしまう危険性があるので、営業担当者は設計や積算部門と緊密に連絡を取りながら進めていきます。

③実施設計

この段階では、いよいよ自社を競合他社よりも一段上の本命業者として顧客に認知いただく活動を、これまでの働きかけをふまえて促進していきます。併せて競合他社が何社あり、具体的にどこが来ているのか（そして入札参加するのか）などの競合情報も入札までの間につかんでおくべきです。

④積算見積、入札

この段階までに顧客から本命業者としての認知をもらえないと、あとは入札時の価格勝負となります。逆に言えば、本命業者としての認知を受けられれば、競合他社との見積金額が僅差であれば、入札後の価格交渉という奥の手を講じることもできます。

⑤契約、アフターセールス

この段階では、④の段階で決着がついている場合には自社優位性を発揮する余地がほとんどありません。むしろ、工事を競合他社に取られて失注となった場合にこそ、営業担当者は顧客に出向き、その敗因を検証しなければなりません。

特に見積価格の差で失注したのであれば、自社の見積金額との差異がどこにあったのかを可能な範囲で顧客に聴き取りを行うべきです。

次表にて営業プロセスごとに入手すべき情報と、自社優位性の促進事項について列挙しておりますので、これ以外にも様々あると思われますが、ご参考ください。

<営業プロセスの入手すべき情報と自社優位性促進事項>

	①入手すべき情報	②自社優位性促進事項
(1) 建設工事企画	建設動機(目的)、着工・竣工時期、予算、設計事務所の確認、キーマン	設計施工提案、設計協力、設計事務所紹介、プラン提案、キーマンへの接触、顧客の営業協力、土地持ち込み、人脈を使った当社の推薦、当社の施工実績アピール、超概算提示、補助金情報の提供、手続き代行、前工程工事(解体・造成等)の受注
(2) 基本設計	仕様と予算の聞き取り	概算見積協力、テナント紹介、事業収支計画提案、VE・CD提案、顧客役員等のキーマンへのあいさつ、自社役員の訪問
(3) 実施設計	工事予算の聞き取り、図面受領予定日、入札日、競合他社	図面早期入手(他社設計)、VE・CD提案、自社を本命業者とする働きかけ
(4) 積算見積、入札	競合他社、質疑書による内容確認、推薦業者の確認、他社見積動向	VE・CD提案、他社見積額の予測、工期圧縮
(5) 契約、アフターセールス	支払条件確定、失注原因の確認、他社見積提示金額の情報収集	開札後の価格交渉

14. プロセス管理　④受注戦略（営業ストーリー）

営業担当者が計画に沿って営業活動を行い、工事を受注していくに当たっては、普段の営業活動においてＰＤＣＡ（計画・実行・確認・改善）のプロセス管理が機能していないと、見込案件の取りこぼしになりかねません。

工事見込案件を認識し、自社が最終的に他社との競合を勝ち抜き工事受注を獲得するためには、プロセス管理としての受注戦略をどのような手順をふんで進めていくべきでしょうか。

(1) 受注するための課題の明確化

営業担当者が受注目標を確実に達成するためには、明確な営業活動のストーリーを描くことが必要です。これが受注戦略のことです。ただ漠然と何とかなるだろうというように、その日その日の思いつきで運まかせの営業活動を繰り返していては、受注目標は決して達成できません。

受注戦略の立案に当たっては、ターゲット顧客の工事見込案件ごとに受注するための課題を検討します。受注に際しての諸事情は、当然顧客ごと、案件ごとに異なります。顧客や個別工事見込案件ごとに課題を明確にし、十分に対策を練らなければなりません。受注効率を上げて、他社との競合に打ち勝つには、前述の自社の優位性をアピールするような算段を考えておきます。

例えば民間建築工事の場合であれば、土地やテナントの斡旋、設計協力、企画提案などがあげられます。そのためには、常日頃から土地情報やテナント情報などを入手する活動をコマメに行い、顧客からの要望や問い合わせに対して応えられるように準備しておく必要があります。

(2) 営業ストーリーによるプロセスの全体計画と進捗管理

将棋に棋譜があるように、営業活動も将棋のように営業プロセスの段階に分けて理詰めで行うと、計画的な受注が可能となってきます。筆者は、このような営業プロセスの段階ごとに階段を上るような受注計画のことを、「営業ストーリー」と呼んでいます。

営業ストーリーを設計するためには、入札日や工事の着工、竣工から逆算して現段階で何をしなければならないか、どのように営業活動を促進していくべきかをシミュレーションを繰り返しながら進捗管理を行っていきます。

営業プロセスを促進していくに当たって、次表のような「営業ストーリー設計書」を作成し、個別見込案件ごとに受注するための攻略をどのように行っていくか、月次レベルで練っていきます。

<営業ストーリー設計書（例）>

営業ストーリー設計書

部門：営業部　　氏名：　三富　薫

顧客名	工事件名	施工場所	受注予定金額(千円)	見込度		受注時期	受注戦略・戦術	当月の活動予定	2023年				2024年								備考
									9月	10月	11月	12月	1月	2月	3月	4月	5月	6月	7月	8月	
A社	倉庫新築	Y市	250,000	競争	B	今期	概算見積で有効な金額を提示する	9月12日現説。見積に参加する業者を確認する	現説	概算見積提出		基本設計	実施設計			工事着工					
										業者選定	業者内定	事前協議		本見積提出		工事契約					
B社	工事増築	Y市	400,000	特命	B	今期	増築の基本設計、実施設計を請け負うことで特命工事につなげる	9月現調、10月に提案	現調	プラン提案	設計受注	基本設計					本見積提出	工事契約		工事着工	
															実施設計						
																		確認申請			
C社	事務所増築	W市	500,000	特命	C	今期	5、6社の見積合わせ、前施工物件であり、施主との関係再構築を図る	施主の社長への営業部長同行による促進	部長同行					完成							
									図渡し	見積提出	入札	着工予定									
D社	社員寮改修	W市	85,000	競争	C	今期	10月10日現説。競合他社を確認し、設計事務所とコンタクトを取る	10月10日現説	設計会社訪問	10月10日現説	業者決定										
												着工			完成						

15. プロセス管理　⑤工事見込案件の管理

(1) 営業担当者の思い込みで決められている見込みの判定基準

筆者が中堅・中小建設業へ営業コンサルティングで訪問していると、前月は工事受注確実という見込案件で工事担当者の配置まで決めていたにもかかわらず、翌月訪問すると失注していたということがあったりします。

失注理由を聞くと「顧客が自社に特命と思っていたら、他社との競争入札になった」など、筆者からするとほとんど言い訳にしか聞こえないような内容だったりします。

受注の見込判定は、企業によってＡ、Ｂ、Ｃなどのアルファベットでランク付けしたり、内定、見込み、運動中などの表現で見込度を区分けしたりしています。ただし、これらの見込判定の基準は、営業担当者個人の主観的な思い込みでランク付けされているケースがほとんどです。

このような見込判定基準では、当月の受注予定が大きく崩れたり、あるいは見込度の弱かった工事案件がいきなり受注に上がったりして、営業部門の受注見通しが不安定となり、ひいては工事部門の現場代理人調整にも支障をきたすなど、会社全体にも影響していくことになります。

(2) 受注の見込判定基準の明確化

そこで、営業担当者が工事見込案件の見込度を受注確率ごとにランク付けする際に、その根拠となる基準を営業部門で明確にしておくことが必要です。主な見込判定の基準としては、発注（決定）時期、予算把握、キーマンとの接触、競合の状況、資金の手当て、見積価格の反応等々についての状況が受注に有利に動いているのかどうかで見込度を判断していきます。

次頁の表で、建設工事の受注管理基準として見込判定（受注可能性）と受注判断（受注すべき案件か否か）の度合いを「ａ（高・良）」「ｂ（中・普通）」「ｃ（低・悪）」の３ランクに分けて例示しています。つまりは、これら複数の判断基準がある程度満たされていなければ、安易に見込度を高くしてはならないということです。

＜建設工事の受注管理基準（例）＞

	基準項目	a(高·良)	b(中·普通)	c(低·悪)	見込判定	受注判断
1	受注確率	80%以上	60%以上	40%以下	○	
2	予算	合意済	折衝中、一部 折り合い必要	予算未定	○	
3	決定時期	3ケ月以内	今期中	未定 or 来期以降	○	
4	施主との関連	コネ密接	コネ少ない	コネなし	○	
5	着工時期	4カ月以上先	3カ月以内	時期未定	○	
6	施主の工事希望の強弱	極めて強い	普通	弱い	○	
7	プロポーザル	提案及び合意済	提案済、折衝中	未提案 ○		
8	資金手当て	金融機関了解済み、 自己資金充当	金融機関ほぼ了解	金融機関未確認、 交渉中	○	○
9	競合他社	特命	競合あるが当社 有利	競合あり他社と 並列	○	
10	見積書	提出金額合意済み	提出金額保留中	提出金額見直し 必要、見積未提出	○	
11	設計会社	担当者より当社 有利の返答	あいさつ済み、 保留中	コネクションなく、 未あいさつ	○	
12	工事規模	2億円以上	1億円～2億円	1億円未満		○
13	利益予想(粗利)	15%以上	10～14%	10%未満		○
14	支払条件	前払金30%以上	前払金30%未満	前払金なし		○
15	発注者の与信度	与信リスク小さい	一部与信リスクあり	与信リスク大きい		○
16	継続工事有無	1年以内に有り	3年以内に有り	3年以上先		○
17	評判	良好	悪い評判なし	悪い評判有り		○
18	資産有無	工事費の2倍以上	工事費程度	工事費以下		○
19	立地条件(道路事情、スペース、 周辺適合性、工事難易度等)	良い	普通	悪い		○
20	建物の宣伝効果	大きい	中程度	小さい		○
21	作業現場の遠近度	本社から15キロ 以内	本社から30キロ 以内	本社から30キロ 以上		○
22	工期	十分取れる	少しきつい	かなり厳しい		○

第5章

新規開拓力を強化する

1．新規開拓はなぜ必要か
2．新規開拓営業の事前準備
3．飛び込み営業のポイント　①受付突破
4．飛び込み営業のポイント　②不面先へのアポ取り
5．飛び込み営業のポイント　③営業の切り口
6．新規開拓を継続的に行う戦略・戦術

1. 新規開拓はなぜ必要か

建設業において新規開拓は、過去の歴史から業界が不況期に入ると、必ず各社が重点テーマに掲げる命題です。それにもかかわらず、新規開拓が戦略的に計画的に実行できたという話はあまり聞きません。これは、好況期にはもちろんのこと、不況期においても同様の傾向が見られます。

(1) 新規開拓が建設業でうまく進まない理由

建設業で新規開拓がうまく進まない理由には、次のことがあげられます。

①新規開拓のやり方がわからない

建設業は、案件開発のために能動的に顧客アプローチを行う攻めのスタイルというよりも、基本的に顧客からの引き合いに依存した"待ちの営業スタイル"が大半です。この待ちの営業スタイルに慣れきってしまうと、新規開拓のような新たに顧客を探し、関係性をつくるような営業は不得手というよりも未経験ゾーンであり、「どこから営業を掛けてよいのかわからない」というのが本当のところとなります。

②新規開拓はやるだけ無駄だと考えている

建設営業担当者の中には新規開拓に否定的な人も少なからずいます。「実際に訪問したところで、案件があるのかどうかがわからないので時間の無駄」、「新規顧客開拓をしなくても既存客だけでやっていける」などの意見です。

もっともな意見にも聞こえますが、「本当に新規開拓をしなくても既存顧客だけで受注目標が達成できるのですか」と質問すると、言葉を濁す人が多いのもまた事実です。

③会いやすい顧客のところへしか訪問しない

前述の待ちの営業スタイルに慣れていると、その弊害として見込案件のある現在進行形の顧客か、長年の付き合いのある得意先のような、会いやすい顧客以外は訪問しない営業担当者が多いです。言い方を変えると、面談アポイントメントなどが取りにくい顧客に、あえてコンタクトを取ることを避ける傾向があります。

④新規開拓をしなくても組織の中で許される

第４章のP.154「営業戦略　⑥方針・目標・計画・活動の法則」で解説しましたが、新規開拓という方針が組織の中で掲げられているにもかかわらず、その新規開拓が実際のところできていなくても「何となく許されてしまう」空気が組織の中で流れていると有名無実になります。

⑤新規開拓すべきターゲット顧客が少ない

新規開拓について目標を決めて取り組んでいる営業組織においても、見ていると新規のターゲット顧客が１人５社など、かなり限定的になっているケースが見られます。新規開拓をやらないよりはよいと考えるにしても、５社訪問して５社とも関係性がつくれなかった場合にはどうするのでしょうか。

(2) 安定的な受注確保のための新規開拓の重要性

下図は“待ちの営業”と“攻めの営業”を表したものです。第１章のP.44「営業のプロセス管理」でもご説明した通り、工事受注は「工事見込案件数×成約率（%）」で決まります。工事見込案件数を拡大するためには、基盤としての顧客数を広げることが重要です。

好況期は既存顧客だけで受注目標が達成できても、不況期に入るとそれだけでは目標数に届きません。常に安定的な受注を保っていくためには顧客の裾野の拡大が重要です。

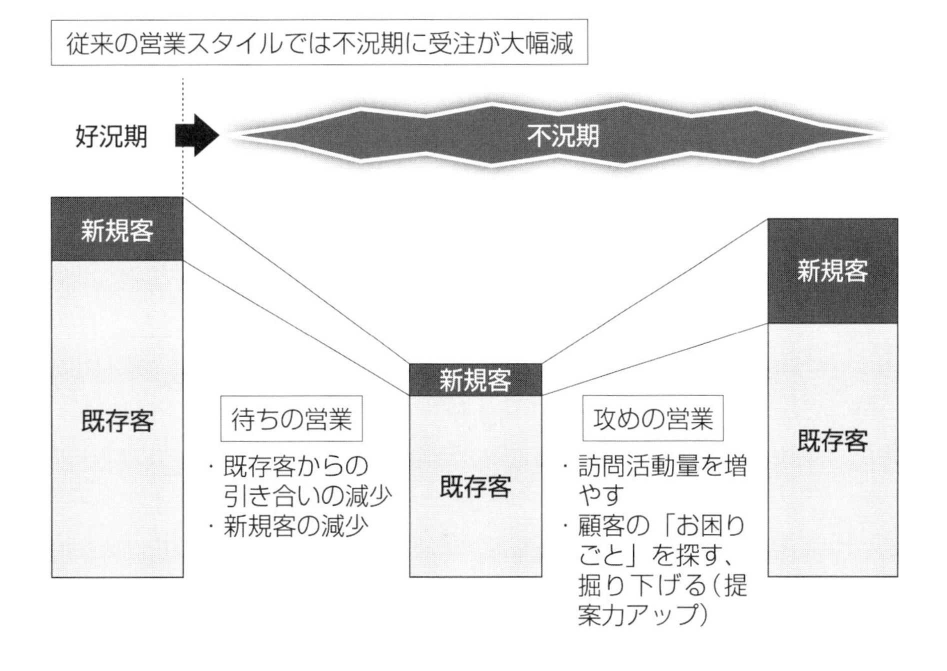

2. 新規開拓営業の事前準備

新規開拓営業を成功させるためには、周到な事前準備が大事です。ただ、やみくもに新規顧客を回っても成果は乏しいからです。

(1) 初回アプローチの心得

顧客深耕を図る最初の営業ステップである初回アプローチ（ここでは新規顧客、休眠客への初回アプローチ）の成功の仕方を覚えましょう。

初回アプローチを成功させるためには、次の点を念頭に置いて活動します。

①事前準備を周到に行う

昔から「段取り八分」といいますが、工事現場と同様に営業の現場も段取りのでき具合で勝敗が決すると言ってよいです。訪問前に次の点を確認します。

- ターゲット顧客のリストアップ及び訪問する場所の確認、ＨＰなどによる企業情報の確認は取れているか。
- 名刺、会社案内、パンフレットなどの営業ツールは必要部数（多少余裕を持つ）を用意しているか。
- １日の訪問スケジュールは無駄のないように効率的な計画（訪問経路の動線が短い）となっているか。
- 顧客と面談した際に、どのような話法を展開するか。受付や担当者から断りを受けた際の対処法を頭に入れているか。

②いきなり売り込もうとしない（顧客との関係づくりと工事案件の糸口を見つけよう）

よほど特異性の強い差別化された商品でない限り、いきなり初回訪問から自社商品の検討に入ることはまれです。初回訪問は売り込むことに神経を使うよりも、まずは顧客の警戒心を解き、フランクに話し合える関係づくりに注力した方が営業的には良い結果につながりやすくなります。

また、法人営業の場合には工事受注までの間に「工事提案、案件検討、見積提出、採用可否検討、受注」のステップをふむことが通常となります。まずは提案できる工事案件の糸口を探すことから始めましょう。

③断られるのは当たり前（継続は力なり）

特に新規顧客の場合には、すでに特定の業者とつながりを持ち、特段の不満もなければ「あえて他社に乗り換えるメリットはない」と担当者は考えているでしょう。それだけに営業担当者の皆様が新規開拓しようとした際に冷たく断られるのは「想定内」であることをまず認識することです。

断られた時に営業担当者が考えることは、次の他責と自責の２通りです。

- 「この顧客には特定の業者が付いており、開拓は難しい。」（他責）
- 「この顧客には当社を受け入れるニーズがない。当社には関心がない。」（他責）
- 「自分の伝え方が下手で断られてしまった。もう一度策を練って再チャレンジしよう。」（自責）

他責で物事を考えたら、それで終わりとなります。すべての顧客にアプローチしてすべて断られたら、訪問先が途絶えてしまいます。

ここは自責で前向きに捉え、断られた先でも再チャレンジする気構えが重要です。そして、次に訪問する際には断られないための創意工夫を心掛けることはもっと大事です。

(2) 営業ツールの整備

新規開拓は、特別な準備なく名刺と会社案内くらいで始めることもできますが、可能であれば次のような営業ツールを整備して、営業時に持ち歩けると便利です。

①施工実績

自社において、過去にどのような工事実績があったのかを一覧表にしておきます。建築工事を年代別に掲載したり、福祉施設や工場など建物用途ごとに整理分類して一覧表にすると顧客から見てわかりやすいでしょう。

②維持修繕工事パンフレット

新規開拓においては、いきなり大型の新築工事は顧客との関係性がないため難しいところがあります。そこで、まずは維持修繕の小工事から顧客との関係性を築いていきます。維持修繕工事パンフレットは顧客訪問時の提案ツールとしてだけでなく、ダイレクトメールとして郵送する際にも効果的です。

③工事完成時の写真パンフレット

過去に手掛けた工事の完成時の写真を編集し、作品集のような形でまとめておきます。建物の外観に留まらず、屋内の写真も掲載することでデザインなども訴求していきます。

3. 飛び込み営業のポイント　①受付突破

ここからは飛び込み営業による初回アプローチのポイントについて、具体的に解説します。

(1) 受付突破の基本

飛び込み営業の場合、会うべき担当者に面談させてもらう前に窓口である受付で拒否される場合も往々にしてあります。営業担当者はまず最初の関所として、この受付を介して、しかるべき担当者に面談できるように巧みにアプローチを行っていかねばなりません。

受付突破の基本的なポイントを下記に示します。

①堂々と自信を持って振舞う

飛び込み営業は訪問先からすれば、「招かれざる客」である場合が多いです。つまりは、営業担当者の来訪に対する抵抗感がそれだけ強いということになります。

かといって我々営業は卑屈になる必要はありません。悪いものを売りに来ている訳ではないのですから、毅然とした態度で接すべきです。

また、受付で変にオドオドとした態度を取ると不審がられたり、警戒心を持たれるだけです。勇気を出して、堂々と振舞うことが受付突破の鍵となります（営業としての基本のマナーや謙虚さは失わない程度に！）。

②訪問理由を簡潔に述べて取り次いでもらう

受付は通常、総務の事務担当者が応対するケースが多く、ほとんどの担当者は建設工事の実務的な内容等は知りません。

それだけに、受付でクドクドと訪問目的や会社の紹介などを行うのは無駄であり、受付の方も訳のわからない説明を長々と聞かされるのは迷惑な話なのです。

受付では、「こちらの地区の担当になりまして、手前どもの会社のごあいさつに伺いました」とか、訪問目的を簡潔に伝えて、面談したい相手に即取り次いでもらうのがベターです。

③なるべく上位者に取り次いでもらう

面談すべき顧客の相手は誰になるのか。特に建設工事は１件当たりの工事金額の高さを考えるとなるべく対象顧客の一番の上位者に会うことがビジネスチャンスを広げることになります。より地位の高い方がすなわち意思決定権者であるからです。

例えば工場などの製造業へ新規開拓を行う場合、地元の中堅・中小企業の場合は社長や工場長等の上位者、大手企業の工場などでは施設や設備の担当責任者（あえて担当者ではなく、担当責任者と言うことでランクが違ってくる）を訪ねて行きます。
どうしても飛び込み営業の場合、上位者に会おうとすると「アポはお取りですか？」などとガードが固くなるため、面談者のランクを担当者レベルまで下げてしまいがちです。これでは、仮に面談できたとしても重要な購買業務は任されていないため、何かにつけて「上と相談します」という類の話にしかなりません。下手に下位の担当者に会うよりも勇気をもって上位者に会う努力をしましょう。

④応酬話法を用意しておく

受付では必ずと言ってよいほど、飛び込みの営業担当者を排除しようという傾向があります。
「当社ではすでに他社と取引を行っております」
「アポイントメントのない方の面談はお断りしております」
いろいろな口実を使って受付の段階で営業担当者を排除しようとします。これらの断りに押されていては、新規開拓はままなりません。応酬話法を周到に準備して、受付でシャットアウトされないように粘り強く対応しましょう（応酬話法については、P.113「断りの切り返し基本型」参照）。

⑤不面・不在時は情報を聞いてから引き揚げる

飛び込み営業の場合、相手の都合は関係なく、こちら（営業）の都合で訪問するわけですから、面談したい相手が不面（社内にいるが離席中や会議中）や、不在（外出、休み等で社内にいない）のケースがよくあります。
このような場合、あっさり「失礼します」と引き揚げるのではなく、最低限、次の情報は受付の方から聞き取って帰りましょう。

・担当責任者の所属部署と名前
　面談したい担当責任者の所属部署と役職はアポイントメントを取る際に必要な情報であり、固有名詞がわかれば仮にアポイントメントが取れなくても、飛び込みの再訪問の際に受付で「総務の中村部長をお願いいたします」と言うのと「総務の担当責任者の方をお願いします」と言うのとでは、面談の確率が全く異なってきます。

・担当責任者の在席日時
　不面、不在の時には、いつ頃なら担当責任者がデスクに在席しているのかを聞き出してみましょう。
　例えば、社内にはいるが、離席中という担当責任者の場合は、「○○様は、いつも何時頃ご在席でしょうか？」と尋ねてみたり、会議中ということであれば「会議は何時頃までかかるでしょうか？」などと聞き出します。あいにく、出張中で不在ということであれば「今度はいつ頃ご出社でしょうか？」と聞き出してみます。

・最近の工事情報

例えば、訪問先が明らかに改修工事を最近実施したような建物であれば、「最近、○○の工事は御社ではなさいましたか？」などと工事情報なども可能な範囲で、さりげなく聞いてみるのもよいでしょう。ポイントは、あくまで受付の方が受け答えできる範疇の内容を尋ねることです。難しい内容の質問や根掘り葉掘りの質問は煙たがられるだけで、かえって胡散(うさん)臭く思われます。

⑥不面・不在企業は必ずアポ取り

不面・不在企業は名刺と簡単なパンフレットを置いて帰り、その日の夕方か、もしくは翌日の朝に必ずアポイントメントを取る（以下、アポ取り）電話を入れて面談の約束を取り付けましょう（面談すべき相手が出張中でその日は戻らない、あるいは２～３日出社しないということであれば、出社する日を確認しておくこと）。

不面・不在企業は、少なくとも訪問した日の翌日か翌々日くらいにアポ取りの電話を入れないと、訪問した証としての名刺やパンフレットの印象が薄くなってしまいます。

(2) 受付のパターン別攻略法

受付の形も事務所のレイアウトや事業所の形態（事務所ビル、工場等）により、パターンが異なってきます。大まかな分類としては次の３通りがあります。

①対面カウンターによる受付

事務所のドアを開けると総務部や経理部などの受付窓口があり、デスクで事務を行っている社員が来訪者に応対するパターン。

②警備員による受付

警備員（通常、顧客が委託している警備業者）が外部からの来訪者の入門チェックを行うパターン。工場などに多い。

③内線電話による受付

玄関に電話を置き、来訪者は内線電話でしかるべき部署に電話をして、取り次いでもらうパターン。最近の受付はこの形態が多い。

飛び込み営業時のパターン別の攻略法を次表で見ていきましょう。

パターン	特　徴	攻略法
対面カウンターによる受付	カウンター越しに各担当者のデスクなどが見えやすく、居留守？なども使いづらいので比較的面談しやすい。 対面なので受付で面談を断られそうになっても比較的、営業が粘りやすい。	笑顔を絶やさずに受付で印象よく面談相手に取り次いでもらう。 不面・不在の場合は名刺とパンフレットを置いて帰り、辞去のあいさつも忘れずに好印象を残して失礼する。
警備員による受付	警備員は外注業者の場合が多いので、容易に担当窓口を教えてもらったり、アポ無し訪問を受け付けてもらえない場合がある。	左記のようにガードが固い場合があるが、先入観を持たずに毅然とした態度で取り次ぎをお願いする。 事務所から離れた守衛所での応対が多いので、アポ無し訪問を拒否された場合は名刺やパンフレットを置いて帰っても担当者に届かない場合も多い（あっさり引き揚げて、その後のアポ取りに注力した方が良い）。
内線電話による受付	対面カウンターと比較して受付の方が営業担当者を断りやすい環境にある（自宅に来たセールスをインターホン越しであれば断りやすいのと同じ）。	ゆっくりとした口調で簡潔に訪問目的を説明し、面談したい相手に取り次いでもらう。 面談できなくても最低限、担当責任者の所属部署や在席日時などを確認する。 内線電話でも丁重にお願いすれば名刺やパンフレットを受付の方が預かって面談したい相手に渡してくれるので必ず依頼すること。

4. 飛び込み営業のポイント　②不面先へのアポ取り

営業は顧客に会わなければ話になりません。飛び込み営業だけでは肝心な顧客との面談率が上がらないことを考えると、並行して不面・不在企業にアポ取りをして、面談率を上げる努力が必要です。ここでは、新規飛び込み訪問で担当者不面・不在の際の電話フォロー（名刺と会社資料は置いて帰ってきている）の仕方について解説します。この内容を参考に営業担当者の皆様は、回数を重ねながらアポ取りの成功確率向上に向けてご自身の話法を改善していきましょう。

この後のアポ取りの話法例としては、規模の大きい工場への飛び込み営業で、まずは維持修繕の簡単な工事から接点をつくる想定での話法展開です。

①面談すべき相手につなげてもらう

ａ．面談すべき相手の部署と名前がわかっている場合

「私、○○建設の酒井と申します。いつも大変お世話になっております。工場長の山本様をお願いいたします。」

冷静に淡々と話す。面談したことがない相手でも何度も会っているかのように振舞う。

不在の場合は、在社予定を確認して再度電話を入れる。

ｂ．面談すべき相手の部署と名前がわからない場合

飛び込み訪問時に責任者の名前を教えてもらえなかった場合には、うまく電話口にしかるべき人に出てもらえるように仕掛けていきます。

「私、○○建設の酒井と申します。いつも大変お世話になっております。私どもは地元の△△市（支店・営業所は出先の所在地）で建設工事を行っている会社でございまして、一度ごあいさつに伺いたいのですが、御社の工場の責任者の方をお願いいたします。」

ゆっくりとした口調で明瞭に話します。もし不在の場合は、担当者名や所属部署（管轄）を確認しておきます。

②電話口に担当者が出る

以下は①の「ａ．面談すべき相手の部署と名前がわかっている場合」のパターンで、流暢な言葉づかいで名刺とパンフレットを置いて帰ってきていることを確認します。

「工場長の山本様でいらっしゃいますか。私、○○建設の酒井と申します。いつもお世話になっております。

本日（昨日）山本様ご不在の折に私の名刺と会社のパンフレットを置かせていただいたのですが、ご覧になっていただけましたでしょうか。」
『ああ…。何かあったねえ』（顧客）
次に、自社の簡単な紹介と訪問目的を述べます。これは①の**「b．面談すべき相手の部署と名前がわからない場合」**のパターンも同様に電話口に担当責任者と思われる方が出た時もそのまま使えます。
「私どもは△△市を中心に建築、土木の工事を行っている会社でございまして、一度御社にごあいさつをと思いましてお電話させていただきました。」
というようにまずは簡単に用件を述べます。最初から長く話すと「この営業はしつこい感じがする」と敬遠されがちです。
また、「私は直接の窓口ではない」と言われることがありますので、相手が面談すべき部署の担当責任者でない場合は、電話口の方を介して担当部署を教えてもらいます。

③面談者の信用を勝ち取る

まず、この段階では最初の断り文句が出やすいので覚悟が必要です。ここでは大概「他社を使っている」「今すぐお願いする気はない」「ウチは金が無い」などのありきたりな断りがほとんどです。
最初の断り文句が出た段階で「どうしよう」と思っていたら、間違いなくアポ取りは失敗となります。ここでは軽く受け流して再度自社ＰＲをしながら面談のチャンスを作っていく、すなわち「攻めあるのみ」です。
「そうですか、今すぐお取り引きとは申しません。私どもでは、どんな小さな仕事でも迅速、丁寧に行っておりますので、お忙しいところ申し訳ございませんが、お時間は 10 分、15 分で結構ですので、ほんのごあいさつだけでもお願いできないでしょうか」
というように一気にアポイントメントの可否までたたみかけます。

④訪問日時の約束を取り付ける

電話の相手から面談ＯＫの返事が得られれば、いよいよ顧客面談する日時の約束です。ここで焦って約束を取り付けずに終わることのないように、詰めを焦ってはいけません。
まずは訪問日時の確認ですが、当然のことながら相手の都合を確認しなければなりません。しかしながら、相手の都合を配慮しすぎると、例えば「いつ頃でしたらご都合がよろしいでしょうか」というような漠然とした聞き方では「さていつ頃がいいかなあ…。忙しいんだよなあ」というように相手から曖昧な返事しか返ってこない可能性があります。
あるいは「来週の月曜日なら空いているよ」と相手に言われて、営業担当者に他の予定が入っていて「えーと…。すみません。その日は他の予定が…。」というような形になると応対としてはまごついたパターンとなります。

このようなことのないように、ある程度は日時を営業サイドから指定した方が良い場合が多いです。

「すみませんが、来週の４日火曜日もしくは５日水曜日でしたらご都合はいかがでしょうか」

というように二者択一にした方が相手からみると訪問日を指定しやすい打診となります。これにより、相手が「火曜日ならいいよ」と返事をしたら、次に同じパターンで再度尋ねます。

「午前と午後とではどちらがよろしいでしょうか」

↓

『午後ならいいよ』（顧客）

↓

「そうですか。それでは午後の３時にお伺いさせていただきます」

というような二者択一で営業サイドが主導権を握りながらアポイントメントの日時を決定していきます。

また、相手に「会うには会うけれどあまり時間が取れないよ」と言われた時も相手の心情を察した応対が必要です。

「お忙しいところ申し訳ありません。ひとまずごあいさつということで少々のお時間でかまいませんので、よろしくお願いいたします」

というように短時間でも、まずは一度面談機会を得ることに集中して話を進めます。また、この時に「15分くらいしか話が聞けないよ」などと言われた際は、「承知しました」と受け答えして、面談時間の15分を念頭に置き、実際に訪問した際に最初に 15 分しか話ができないことを顧客に確認してから面談に入ります（最初にきちんと確認すれば、顧客の方も時間が許せば「いや30分くらいでも大丈夫ですよ」などと言ってくれるケースが多い）。

⑤最後の確認で好印象を残す

訪問日時を決定したら最後に再度顧客に訪問日時の確認を行います。その際に、先方の電話口に出た相手に次のように告げます。

「それでは来週４日火曜日午後３時に私、○○建設の酒井がお伺いいたします。よろしくお願い申し上げます。失礼いたします」と、明るくハキハキと好印象で終えるようにします。

5. 飛び込み営業のポイント　③営業の切り口

新規顧客にアポ取りができたところまではよいとして、今度は初回面談時に何らかの工事受注の糸口をつかまないといけません。「ごあいさつに伺います」とアポを取って、本当にごあいさつのみで終わって帰ったら営業としての意味がありません。

２回目以降の継続訪問ができるように、何らかの工事受注につながる営業の切り口を面談時に探してみましょう。

(1) 小さく入って大きく広げる

新規開拓の場合、銀行や設計会社などの紹介がない限り、最初から億単位の大型工事を狙っても顧客とそれだけの関係性がつくれていないため困難なところがあります。

“急がば回れ”で、まずは維持修繕工事や改修工事などの小型工事から小さく入って、顧客と関係性をつくっていき、その延長線上で大型工事の受注を狙っていきます。

(2) 顧客の建物の内外を目視確認する

顧客先を訪問したら、まずは建物の外観などをチェックしてみましょう。外壁にクラックなどの傷みはないか、雨どいなどが損傷していないか等を確認します。工場などの場合、工場の構内でフォークリフトが行き来するところは床のコンクリートが傷んでいないか、屋外の場合、大型車が往来するところではアスファルト舗装が傷んでいないか等を確認します。

そして、さりげなく周囲を見回してください。もちろん、きょろきょろ辺りを見回したりすると訪問先の従業員から怪しむ目で見られますし、許可なく写真撮影してはいけません。

(3) 営業の切り口～顧客のお困りごとを聴き出す～

顧客と面談した際に何か建物の内外でお困りごとがないかを確認してみましょう。建設工事に関連するお困りごとを私は“営業の切り口”と呼んでいます。

営業の切り口には、「材料に着目した切り口」と「建物の部位に着目した切り口」、「職場の労働環境に着目した切り口」の３つがあります。

・材料に着目した切り口

材料に着目した切り口は、例えばコンクリートの躯体であれば、ひび割れや欠けなどの劣化、外壁のタイルの浮き、手すりや鉄骨階段などの金属製品のさび、塗装のはがれ、汚れなどです。

・建物の部位に着目した切り口

建物の部位ごとに着目した切り口は、建物の外側であれば、例えば屋根や屋上の防水が膨れたり、はがれたり、雨漏りがする、建物の内側ではドアのガタツキや床材の汚れや割れなどの劣化があります。

・職場の労働環境に着目した切り口

職場の労働環境に着目した切り口は、例えば工場の内部などで、作業エリアが暑い（寒い）、湿度が高い、粉塵や油分（オイルミスト）が多いなどの作業環境についての問題や、喫煙者が利用できる分煙室がない、休み時間に休憩できるスペースがない等のくつろぎや疲労回復といった休憩スペースの問題などがあります。

営業は顧客との会話の中から上手にお困りごととしての切り口を聴き取ることで、２回目以降の訪問につなげ、お困りごとを解決するための補修工事などの改善提案を行うことで、工事受注にアプローチしていきます。

6. 新規開拓を継続的に行う戦略・戦術

新規開拓は時間の取れる時に単発的に実施するよりも、定期的なサイクルで実施する方が効果的です。１回訪問して、少しでも面談できたとしても、それだけでは顧客からの印象は限定的であるからです。

意外かもしれませんが、実は、新規訪問は初回よりも２回目、３回目の訪問の方が難しいのです。理由は、初回訪問では顧客と名刺交換し、会社の紹介など、いわゆるごあいさつ程度で会話ができます。しかしながら、２回目や３回目となると、何か目的が必要になります。特に初回訪問時に顧客から「何か用事があればこちらから連絡します」と断りに近いメッセージを言われると足が遠のいてしまいます。

ベテランの営業になると「ちょっと、近くまで来ましたのでお寄りしました」と身軽に訪問もできるかもしれませんが、２回目、３回目の継続的な訪問を行うには何か工夫が必要です。新規顧客開拓を継続的に実施するためには、どのように進めていけばよいでしょうか。

(1) 販売促進資料を定期的に作成する

顧客向けに販売促進資料を作成して、それを持参するというのは新規顧客への継続訪問としては非常にオーソドックスです。可能であれば１～２ヵ月に１つ資料を作成し、「○○の資料をご覧いただこうと思い伺いました」と切り出すことで、継続訪問のキッカケとします。

①施工実績ＰＲ資料

建設企業の場合、自社のウェブサイトに建築や土木の施工実績を写真で掲載しているところが少なくありません。通常は外観の写真だけですが、建築であれば内観のフロアごとの写真も入れて、少し建物の特徴なども記述しておくと自社の施工実績についての立派なＰＲ資料となります。実際に配布物として不特定多数の人に配るのであれば、事前に建物の施主や設計会社の了承を得ておきましょう。

②小型工事の提案パンフレット

筆者が主に手掛けたのは製造業の工場などへの新規開拓ツールとして、工場の小型工事用のパンフレットなどを作成して提案するものです。例えば、夏の炎天下では工場の構内は非常に蒸し暑く労働環境が悪化します。このような環境に対する遮熱対策の工事を提案するためのパンフレットを作ります。似たようなものとして、台風シーズンの前には水の浸入を防ぐ浸水防止シャッターの設置工事のパンフレットなどを作成します。

このように、その時の季節に合わせて入れ替わり立ち替わり小型工事の提案パンフレットを作成し、顧客提案をしていきます。ここでのポイントは、前節でも解説したように“小さく入って大きく広げる”を意図して提案します。あくまで小型工事は通過点であり、小型工事に関心を持った顧客と商談を重ね、小型工事が受注できてもできなくても顧客との関係性を深めながら、大型工事を受注する機会をうかがいます。

③ダイレクトメールと電話アポイントメントの２面作戦

施工実績のＰＲ資料や小型工事の提案パンフレットを作成したら、まだ面談できていない顧客に対しての面談機会をつくるために、飛び込み営業などと並行して、ダイレクトメールとして郵送するのも手段のひとつです。

特に経営者などの上位者には、飛び込みで訪問してもなかなか面談機会が得られないことも多いと思います。そこで、ダイレクトメールを社長名で送り、郵送物が届いたタイミングで電話を掛けてアポイントメントを取り付けます。筆者のコンサルティング先では営業が電話を掛けるだけではなく、事務職の社員に、電話要領をコンパクトに台本のようにまとめた電話シナリオを持たせます。そして、郵送先に電話を掛けてもらい、アポイントメントが取れれば営業社員が出向くという作戦で、新たな新規面談機会をつくった実績があります。つまりはダイレクトメールと電話アポイントメントという２面作戦で新規開拓を行い、アポイントメントが取れた顧客に訪問するという作戦です。

電話でアポイントメントを取る際には下記のシナリオを用いました。これを参考にして電話によるアポ取りを行ってみてください。

＜電話アポイントメントのシナリオ＞

（明るい声で）「△△市の○○建設、酒井と申しますが、お世話になります。社長の□□様いらっしゃいますでしょうか？」	
社員が出た場合（1）	「どのようなご用件ですか？」と聞かれた場合 ↓ 「先日、社長の□□様宛に私どもの会社の施工実績の資料をお送りさせていただいたのですが、その件でお電話差し上げました。」 ↓ 「施工実績とは具体的に何でしょうか？」と聞かれたら ↓ 「私どもで行っております、工場や倉庫、事務所などの改修工事のご案内を社長の□□様宛にお送りさせていただきました。」

社員が出た場合（2）	「今、外出中（あるいは出張中）です。」などと不在の旨を告げられた場合 ⬇ 「さようでございますか。恐れ入りますが、社長の□□様は何時頃（出張の場合は何日頃）にお戻りでしょうか。」 ⬇ 改めて戻る時間に電話をする（事務職の社員が電話を掛けた場合、夕方の時間帯については営業担当に引き継ぎ）。
社長本人が電話口に出た場合	「社長の□□様でいらっしゃいますか？」本人であるかを確認する。 ⬇ 「△△市の○○建設と申しますが、いつもお世話になっております。先日、社長の□□様宛に工場や倉庫、事務所などの改修工事のご案内についてお送りさせていただいたのですが、ご覧になっていただけましたでしょうか。」 ⬇ ①見たという場合 「今すぐどうかということはないと思うのですが、一度ごあいさつにお訪ねしたいのですが、来週だと何時頃でしたらご都合がよろしいでしょうか」 →火曜日ならＯＫと言われたら 「火曜日の午前と午後ではどちらがよろしいですか」と確認し、午前もしくは午後の社長の都合に合わせて、ひとまず「それでは○時に私どもの営業の◇◇という者がお伺いさせていただきます。よろしくお願い申し上げます。」と時間を設定する。 ②見ていないと言う場合 「さようでございましたか。今週の月曜日に郵送させていただいたのですが、それでは改めましてご案内をお送りさせていただきますのでご覧いただければ幸いです。」
	『他の会社を使っているので結構です。』 →と断られたら 「さようでございますか。今すぐお付き合いさせてくださいとは申しませんので、一度ごあいさつだけでもお願いできませんか。」 →それでもＮＯと言う場合 きっぱりあきらめて「失礼いたしました。」と電話を切る。
難しい質問があった場合	「申し訳ございません。ご質問の件につきましては一度詳しいご説明のできる者を伺わせますので、よろしくお願いいたします。」と言って、来週の訪問約束を間髪を入れず取り付ける。

(2) 新規のターゲット顧客をランク分けして訪問する

新規ターゲット顧客をリストに基づき訪問し一巡したら、顧客ごとにランク分けを行います。ランク分けとは今後、新規訪問の営業をかけていくターゲット顧客の優先順位を決めることです。

ランク分けは、主に顧客との関係性向上の可能性と今後の発注見通しで決めていきます。顧客との関係性は、P.36「顧客関係のステップ８」にある“１．初回アプローチ”、“２．継続訪問活動”、“３．案件開発”のどの段階にあるかを検討します。何度訪問しても、“１．初回アプローチ”の段階で顧客と会えても話を聞いてもらえないなど、先に進まない状況と、ある程度の継続訪問による面談ができ、顧客から良い印象を持たれている状況など、自分自身がどこまで顧客に食い込めているのかを評価します。

次に発注可能性については、小型工事であれば初回の飛び込み訪問から顧客との間で見込案件の商談の話ができ、トントン拍子に工事受注までできてしまう場合が少なくありません。ただし、顧客によっては小型工事だけで大型工事に発展しない場合と、上手に商談を継続させていけば大型工事につなげられる場合とがあります。このような今後の発注可能性については、訪問先の規模や企業業績などで、今後の設備投資予定の有無などを訪問しながら探っていかないと判断がつかないと思われます。

いずれにしても顧客との関係性向上の可能性と、今後の発注見通しを顧客ごとに評価した上で、例えば次のようなランク基準を設けていきます。

- **Aランク顧客**
  小型工事の発注が継続してあり、顧客関係性は築けている。今後は大型工事の発注予定も見込める可能性がある。
- **Bランク顧客**
  小型工事の受注もしくは見込案件は発生しているため、顧客との関係性はある程度築けている。大型工事の受注は今後の営業次第と思われる。
- **Cランク顧客**
  現在のところは顧客面談まではできているが、小型工事も含めて見込案件は出ていない。今後のアプローチの中で案件の発掘を行っていきたい。

上記のＡからＣまでのランクに応じて毎月１回訪問、２～３ヵ月に１回訪問などの訪問頻度を決めておくとよいでしょう。継続は力なりと言います。新規顧客に粘り強く継続訪問を掛けながら大型工事受注に進化させていきましょう。

第6章

営業管理職のマネジメント能力を強化する

1．営業管理職に求められるマネジメント能力とは
2．建設営業部門の問題点
3．営業管理職のチーム営業によるマネジメント
4．企業方針と戦略を具現化する活動
5．営業組織として行動すべき基準の明確化
6．計画的な営業と実行力
7．営業情報の共有化
8．チーム内での問題解決～会議体の機能化～
9．他部門との組織的な相互関係
10．ＳＦＡ・ＣＲＭの活用
11．営業担当者の育成
12．ＯＪＴによる教育のポイント

1. 営業管理職に求められるマネジメント能力とは

建設業の営業管理職は、中堅・中小建設業はもちろんのこと、大手ゼネコンでもプレイングマネジャーとして、営業メンバーのマネジメントの傍ら、自ら顧客に対する営業活動を行っているケースがほとんどです。営業管理職が普段の営業活動を行いながら、営業メンバーの動きも見て指示命令を行っていくというのは、それなりに労力が掛かります。

営業管理職も1人の営業として受注を上げなければなりませんが、かと言って営業メンバーの管理がおろそかになり営業部門全体の受注数が上がらないと、管理職としては責務を果たしたことになりません。

この章では、営業管理職はどのように営業メンバーを統率し、部門全体の受注目標を達成できるようにマネジメントを行っていくかを解説します。

(1) 営業管理職の使命

そもそも営業管理職の使命は何でしょうか。本書では、再三に渡り受注目標達成について折に触れて強調してきました。営業である以上、受注目標は達成しなければなりません。しかしながら、営業管理職1人の力で受注目標を達成すればよいものでしょうか。営業部門で少なくとも複数名で営業活動を行っているのであれば、営業メンバー全員が一致協力して部門全体が目標達成するように導いていくのが営業管理職の役割です。

営業として、どんなに能力が高くても個人プレーで終わってしまっては、管理職としての責務を果たしているとは言えません。そのような意味から、営業管理職の役割は営業メンバーを通して部門の受注目標を達成することだと言えます。逆を言えば、営業管理職は営業メンバー以上に飛びぬけて優秀でなくてもよいのです。メンバー各自が受注目標の達成ができるように営業としての方向性を決め、指導・支援ができればよいのです。

(2) 営業管理職に求められる能力

営業管理職には、具体的にはどのようなマネジメント能力が求められるでしょうか。筆者は次の4つを必要な能力としてあげます（P.210「営業管理職としてのチェックリスト」参照）。

①戦略・戦術設計

営業管理職には、自部門の受注目標達成のために担当市場（顧客、エリア等）

の現在と将来の動向を見極め、目標達成施策を諸条件（市場、経営資源等）の中で効果的に実行していくことが求められます。 建設市場環境は時代とともに変化することから、営業管理職はその変化を見極めて、より受注成果の上がる市場に対して戦略・戦術となる攻略法を示し、営業メンバーを導いていかねばなりません（「第４章-４.～５.営業戦略」に詳述）。

②活動管理

ターゲット顧客を明確にした上で、案件の掘り起こしから刈り込み（受注）までの活動を計画に基づき、目的意識を持って能動的に行っていくことが求められます。

筆者がコンサルティングを行っていて顕著に感じることは、工事部門であれば施工計画書、実行予算書、工程表等の工事現場の目標達成のための計画書を必ず作成し、日々管理を行っているにもかかわらず、営業部門ではそのような目標達成のための計画書の類が極めて限定的だということです。

営業管理職は年、月、週の単位で営業メンバーが結果（受注）を出すための計画作成を指導し、その活動状況の確認と指導・助言を日々行っていくことが求められます（「第４章-７.～10.計画的な営業」に詳述）。

③受注管理

営業管理職は、自部門の営業担当者が工事見込案件の情報を把握した段階から契約するまでの戦略的なストーリーを設計します。そして、自社の優位性を高めながら受注に結びつけるためのプロセス管理を行うことで、受注目標の達成につなげていきます（「第４章-11.～15.プロセス管理」に詳述）。

④部下指導・支援

営業管理職は営業メンバーの知識・経験・能力・意欲を見極め、目標や担当顧客を適切に割り当て、日々の営業活動を通して計画的に指導・支援し、目標達成と人材育成につなげていかねばなりません。

この後は、建設業の営業管理職が組織やチームを統率し、チーム営業活動により受注目標を達成するためのマネジメントについて解説していきます。

営業管理職だけでなく、一般の営業担当者の方々にも役立てていただける解説をしていますので、営業関係者の皆様にはぜひ、これらの内容も参考にしていただければと思います。

＜営業管理職としてのチェックリスト＞

現状の営業チームのマネジメントがどこまでできているかについて、問題点や課題を記述してみましょう。

管理項目	現状の実務	問題点	課題
①戦略・戦術設計			
担当市場（顧客、エリア等）の現在と将来の動向を見極め、受注目標達成のための施策を諸条件（市場、経営資源等）の中で効果的に実行しているか。			
（1）市場分析			
（2）戦略・戦術設計			
②活動管理			
ターゲット顧客を明確にした上で案件の掘り起こしから刈り込みまでの活動を計画に基づき目的意識を持って能動的に行っているか。			
（1）ターゲット顧客設定			
（2）年度営業計画			
（3）月度営業計画			
（4）週間営業計画			
③受注管理			
案件の出件段階から契約までを戦略的にストーリー設計し、自社の優位性を高めながら受注に結びつけるためのプロセス管理を行っているか。			
（1）見込案件情報明確化			
（2）週間会議			
（3）会議・ミーティング運営			
④部下指導・支援			
営業メンバーの知識・経験・能力・意欲を見極め、目標や担当顧客を適切に割り当て、日々の営業活動を計画的に指導・支援し、目標達成と人材育成につなげているか。			
（1）受注処理業務			
・工事請負契約			
・催事管理			
・顧客・設計会社間協議			
・役員挨拶の段取り			
（2）同行営業			
（3）部下の教育訓練			
（4）社内(積算・工事等)調整業務			
（5）顧客クレーム対応			

2. 建設営業部門の問題点

営業管理職のマネジメント能力について述べるに当たり、筆者が全国の中堅・中小建設業の営業コンサルティングで感じる共通の問題点を記載します。それは、大きくは下記の３点です。

①営業部門としての組織統制が取れておらず、営業担当者各人がバラバラに営業活動を行っている

営業担当者は、朝の業務スタート時に朝礼などで訪問先の発表くらいは行いますが、基本的には行動は個人任せになっています。中には、普段から直行・直帰のケースも見受けられます。また、会議体などの場でも見込案件状況の確認のみで、部門としての方針や管理職から各営業担当者への支援活動も少なく、単なる個人が集まった集団となっていて、各人がバラバラな印象を受けています。

②顧客からの引き合いに依存し、組織としての市場戦略に基づく能動的な営業活動がなされていない

営業活動のほとんどが顧客からの引き合いに依存しており、組織方針に基づく市場に対する能動的な営業活動がなされていない（いわゆる"待ちの営業"となっている）ケースが多く見受けられます。

③受注目標に対する具体的な施策が、組織としての活動レベルまで計画化されていない

組織として受注目標を達成するための具体的な施策がなされておらず、計画も立てられていません。また、目標設定も月別、あるいは個人別には割り振りがされていない企業が多く見受けられます。そのため、営業活動の中に数値目標の基準がなく、計画的な受注や見込案件の発掘とランクアップ活動（P.139「①見込数値のランクアップ活動」/第４章-１-（２）参照）がなされていません。

以上のような、長年染み付いている組織風土や、慣習を打破していくのは容易ではありません。営業部門は施工部門と並んで建設業には欠かせない重要な部門であり、請負業としての中心的存在です。市場環境に左右されない永続的な受注をコンスタントに上げていくためには、営業担当者の個々の力を結集して、組織力に変える営業部門全体の強化・底上げが不可欠となります。

3. 営業管理職のチーム営業によるマネジメント

(1) チーム営業とは何か

筆者は常々、これからの建設営業部門には「チーム営業」が必要になると考えています。受注目標を達成するために、営業部門において情報を共有化し、機能化することで部門全体の営業力を高めていく、その仕組みとしてチーム営業は求められるのです。

この場合のチームは、営業部門の中で課もしくはグループなどの単位で編成されるもので、通常は１チームを３～５名ほどの少人数で構成します。チームの中では、営業管理職がメンバーに対する統率を行います（チームのリーダーは必ずしも営業管理職である必要はなく、知識・経験や指導力などで選出してもよい）。

そして、チーム営業の特徴には、次のような点があげられます。

①企業方針と戦略を具現化する活動

営業部門では会社方針や戦略をふまえて、市場に対して有効な働きかけを行っていかなければなりません。そして営業管理職は、その方針・戦略に沿って受注目標を達成するためにメンバーに対するリーダーシップを発揮し、メンバー相互の啓発や役割分担を通して、チームとしての目標をコンスタントに達成する有効な活動を推進します。

②営業組織として行動すべき基準の明確化

営業組織の一員として、何を基準に、あるいはどの程度の数値を達成するために営業活動を行うのか、明確になっている状態が大切です。明確化することで、営業担当者の動きが基準に沿って能動的かつ有効になります。

③計画的な営業と実行力

受注目標を達成するための具体的な計画の策定と実際の行動が直結し、仮にそこに差異ができた場合にも、修正行動が営業管理職やメンバー同士のフィードバック、あるいはメンバーの意思により、着実に素早く実行されるようになります。

④営業情報の共有化

個別案件に関する営業情報はもちろんのこと、営業技術・ノウハウが相互啓発により共有化され、チーム全体として標準化することにより、企業全体の財産として蓄積されます。

⑤チーム内での問題解決

メンバー間で、チームとして目標達成するための問題が常に明確になっており、それを改善課題として捉え、常に勝つ（工事受注する）ための方法論を考えながら取り組むことにより、負け癖を廃した強いチームとなります。

⑥他部署・他部門との組織的な相互関係

施工部門などの他部署・他部門との連携を個々人に依存することなくチームとして行うことにで、組織的な取り組みによる受注対策を図っていきます。

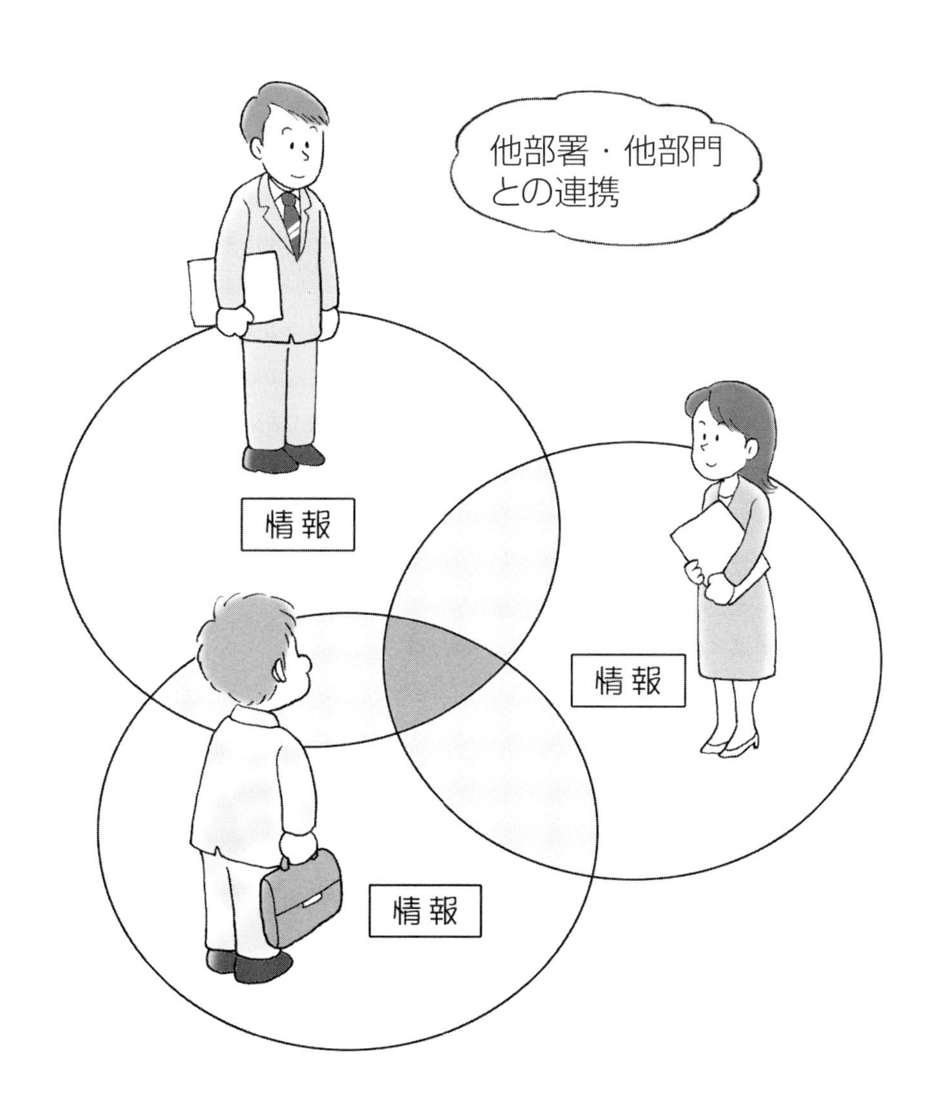

4. 企業方針と戦略を具現化する活動

(1) 企業方針と戦略がなぜ浸透しないのか

ある程度の規模の建設企業になると、期初に方針書を作成しているところが多いようです。それは、企業として、あるいは営業組織として今期1年間の方針を組織のメンバー全員に浸透させるというのが本来の目的です。

しかし、方針書がその本来の目的と離れ、現実の活動とも遊離しているにもかかわらず、組織のメンバーはそ知らぬ顔であったりするケースがあります。また営業管理職においても、最初の頃にはメンバーにいろいろと方針を示していたものが、数ヵ月後には方針書を忘れたかのようにメンバーに何のアドバイスも要求もせずに、1年間が経過しているケースをよく見かけます。

なぜこのように、企業としての方針や戦略などが組織全体に浸透しないのでしょうか。

建設業の営業部門に限っていえば、下記の理由が考えられます。

①営業メンバーは、常に目先の工事見込案件を追いかけており、従前の企業方針や戦略よりも、差し迫った工事見込案件の受注成約に全神経を集中しがちである。
②企業方針や戦略が営業管理職のところで留まっており、各営業メンバーのレベルへ具体的に下ろされていない。
③そもそもの方針や戦略が抽象的であり、営業メンバー個々が具体的にどのように行動したらよいのか、活動レベルで理解できていない。

以上のような理由が考えられ、方針や戦略が有名無実化しているのです。

(2) 営業管理職は方針を示す

チーム営業の活動は、チームのメンバーが共通の理念で取り組まなければ有効的な活動となりません。なぜなら、営業メンバー各人がバラバラの活動を行っていたのでは、同じテーブルで共通理解できる素地がないからです。

営業管理職は、メンバー全員に営業チームとしての方針を明確に示すことが大切です。方針を示すことにより、各メンバーは、企業としての方針や営業のリーダーとしての考え方や、各メンバーとしての活動のあり所を理解できるようになります。

企業方針と戦略を具現化するに当たっては、「方針・目標・計画・活動の法則」

を組織内で徹底することが最も重要です（P.154「営業戦略　⑥方針・目標・計画・活動の法則」/第４章-６.参照）。

上記をふまえて営業管理職が取るべき行動として、下記のような内容が求められます。下記については、営業管理職がトップダウンで一方的に指示・伝達するのではなく、チームメンバーと一緒に合意形成しながら進めるのが望ましいでしょう。

①企業全体の方針に基づき、営業組織（チーム）としての目標を提示する。
②営業組織（チーム）としての、今後の方向性や戦略を明確に示す。
③営業メンバーが日々の営業活動で取るべき基本的な行動指針を示し、その行動を年、月、週の活動計画に落とし込ませる。
④営業政策上の基本的なスタンス（選別受注等の営業姿勢）を明確にする。
⑤営業組織（チーム）内のメンバー相互のチームワークや基本的なルールを示す。

上記の内容について、営業管理職は方針としてメンバーに明確に指示するに留まらず、メンバー全員を集めてその趣旨をきちんと伝えなければならないのです（決して一部のメンバーへの伝達が漏れたり、文書のみの回覧で済ませてはなりません）。

また、方針には数年にわたり不変な項目と、年度目標に沿って毎年見直される項目があるはずです。年度の方針は四半期や月ごとに、四半期方針や月度方針の形で落とし込まれるのが望ましいでしょう。方針は、チーム営業が組織的な対応を行うに当たって必要不可欠な行動指針となるため、常に同じベクトルでチーム全員が理解・徹底できなくてはなりません。

5. 営業組織として行動すべき基準の明確化

(1) 「有効営業活動」とは何か

前節で、チーム営業の機能の１つとして「企業方針と戦略を具現化する活動」について、営業管理職が中心となって方針をメンバーに下ろしていくことの重要性を述べました。さて､それでは方針を受けたメンバーは日々の営業活動の中で、何をより所として活動すべきなのでしょうか。

営業担当者においては、上から受注成果や見込状況の報告を求められる機会はありますが、現在行っている営業活動がうまくいっているのかいないのかの確認や、具体的な商談状況のアドバイスもなく、独自に、ただ漫然と営業活動を行っているということはないでしょうか。

個人の受注目標やチームの具体的な方針が明確になっていれば、それらと対比する進捗状況という形で、ある程度の活動の良し悪しの判断がつくことがあるかもしれません。

しかし、個人や組織の受注目標の進捗（達成度）だけでは、現在の状況の良し悪しはわかっても、今後の見通しはわかりません。同じように方針についても、チーム全体の共通認識と状況把握はできても、個々人レベルの達成度を計れるものとそうでないものとがあります。

営業活動の基本線は、受注目標の達成にあります。日々の営業活動で積み上げていく受注実績を、どのように達成していくかがプロセス管理であり、チーム営業活動のコントロールポイントとなるところです。

そこで、受注を上げるために業績と直結する営業活動のことを、ここでは「有効営業活動」と定義します。建設営業において、どのような活動がここで言う有効営業活動に当たるのでしょうか。

第１章で、受注活動の方程式は次の計算式であると解説しました（P.44「受注活動の方程式」/第１章-８-（１）参照）。

営業成果（受注）＝工事見込案件数×成約率（%）

さらに、工事見込案件数を「情報量×入手スピード×情報正確性」としましたが、そもそもこの３項目も含めて工事見込案件を増やしていくには何が必要でしょうか。

工事見込案件数を増やしていくには顧客と深い商談をしないと案件の糸口がつかめないでしょうし、今後の必要に応じては見積書提出も求められます。このようなことから、工事見込案件数を増やすには商談件数と見積書の提出件数を増やしていかねばなりません。

また、商談件数を増やしていくには、顧客との面談件数や面談のためのアポイントメントの件数の増加なども求められますし、相対量としての訪問件数も向上させなければなりません。

このように工事見込案件数を増やしていこうとすると、見積提出件数×商談件数×面談件数×アポイントメント件数×訪問件数というようにつながってきます。

このように民間工事の営業においては、次のような活動基準が例としてあげられます。

①訪問活動基準
訪問件数、面談件数、商談件数、アポイント件数、工事見込案件数、見積提出件数など。
②顧客管理活動基準
継続受注件数、取引顧客増加数、顧客別対前年実績、新規取引顧客数など。

以上のような有効営業活動の基準を営業チームの中で明確にし、週単位または月単位で営業管理職を中心に、基準に対する目標値を決めて相互に確認を行っていきます。

営業管理職は、受注目標達成のために営業メンバーの工事見込案件の確認をすると同時に、これら有効営業活動の基準を満たしているかどうかを確認することが必要です。そのことにより、営業メンバーの活動が順調であるかどうかを判断し、問題があれば打ち合わせにおいて、アドバイスや意見交換などを行います。

営業管理職は、ただ「受注を取って来い」「数字をもっと上げろ」とメンバーに対して叱咤激励（しったげきれい）を行うことが役割ではなく、メンバーの有効営業活動量を向上させることが責務であり、マネジメントと言えます。

(2) 有効営業活動量の向上

有効営業活動量を向上させるには、まず営業管理職が中心となって、チームの中で何が有効営業活動であるかを決定しなければならないのです。決定は部分的でも、本当に有効かどうか確信が持てなくても仮決定でもかまいません。まずは決定し、そして設定をします。

有効営業活動を設定したら、即座に実行に移していきます。その際には、メンバー全員がチームの方針に沿って、この有効営業活動の活動基準にトライしなければならないのです。１人でも方針に従わないようであれば、チームで取り組む意味がありませんし、チームの足並みが乱れてしまいます。

チーム全体で取り組み、ある一定期間、例えばまず３ヵ月くらい実行してみて、この有効営業活動が妥当であるか否かを、チーム全体で検証してみることです。

この期間の中で、設定した有効営業活動が業績向上に結び付くか検証できれば、後はチームの中で「どのように有効営業活動を、質・量ともに向上できるか」を常に思考し、目標値を決定してまたトライしてみることです。

単に「工事見込案件数をもっと上げろ」、「アポイントメントの件数を増やせ」と活を入れるのではなく、どうすれば見込案件数を増やす営業ができるか、どうすればアポイントメントの件数が増えるか、チーム全体で成功例などを共有していくことが重要です。このように、チームのメンバーが一体となった活動を行うことにより、チーム全体のレベルが向上していくのです。

6. 計画的な営業と実行力

筆者が中堅・中小建設業の営業コンサルティングを行っていると、営業担当者によっては、毎月の訪問先に変化がなく、本来訪問しなければならないターゲット顧客に未訪問のまま何ヵ月も経過していることがあります。当の営業担当者本人は月間活動計画には訪問予定として入れているのですが、現実は訪問できていません。

筆者が、なぜ訪問できていないのかを尋ねると「アポイントメントがなかなか取れない」であるとか、「他の案件の対応が忙しくて行けていない」などと理由を付けます。

そもそもの計画は何のために立てるのでしょうか。本来、営業が受注目標を達成するために営業活動を効率よく行えるように立てるべきものですが、いつしか、営業メンバーが作成して上司である営業管理職に提出することが目的化すると、計画は単なる提出書類で終わります。

(1) 営業活動計画の作成

繰り返しになりますが、営業チームとしての方針と有効営業活動を達成させるためには、チーム全体で合意形成された営業活動の計画を立てる必要があります。すべての行動は「はじめに計画ありき」です。通常、営業担当者が作成すべき計画は、その期間に応じて次の４種類に分けられます（各計画の作成ポイントは、「第４章-７.～10.計画的な営業」で解説しています）。

①年間計画
②月間計画
③週間計画
④翌日の計画

(2) 営業活動が計画倒れで終わる原因

第４章の中でも計画的な営業活動の重要性について解説を行ってきましたが、計画は実行されてはじめて有効な活動となるものです。

しかし、計画を立てても実際にその通りに実行できるとは限らないのが現状です。なぜ、営業活動が計画倒れで終わってしまうのでしょうか。その主な原因としては、次の３点が考えられます。

①もともとの計画に具体性がなく、計画を活動レベルに落とせていない

営業担当者が立案する計画そのものが抽象的であり、５Ｗ２Ｈ（いつ、誰が、何を、どこで、何の目的で、どのように、どれくらい）が不明確なため、結果的に行き当たりばったりの営業活動となっているからです。また、計画を作成することが目的化しており、義務感で作成した計画は、実際の営業活動とは乖離したものとなっているのです。

②計画作成後は活動がもっぱら営業担当者任せとなっている

計画作成までは、ある程度の営業部門の組織的な関与（計画の承認）がありますが、その後の営業活動は営業担当者任せとなっているからです。実際の営業活動が計画通りに実行されているかどうかのプロセス管理が個人任せで、組織で行われていないために、計画・活動・実績の因果関係がつかめずに終わっているのです。

③顧客の都合に営業担当者が振り回され、思うような活動ができていない

営業担当者が顧客からの呼び出しなどに振り回され、立案した計画と実際の活動が一致しない場合があります。営業担当者自身が顧客をコントロールできず、顧客の都合に振り回されてしまうのは、よくあるケースです。

(3) 計画を具現化する実行力の上げ方

では、営業担当者が計画通りに活動するためには、どのような点に気をつけたらよいのでしょうか。

①計画作成及び結果確認に営業チーム全員を参画させる

計画作成は、基本的にチーム方針に基づき個々人で策定します。さらにチーム内でミーティングを行い、計画作成に当たっての注意点などチームメンバー相互に意見を出し合います。

計画には、５Ｗ２Ｈを具体的に書き込み、営業管理職がチェックをします。計画の実行に際しては、営業チーム内でミーティングの場面を利用して（週間ミーティングや日報ミーティング時）お互いの進捗状況を確認し合い、計画が消化できない場合の対策などを相互に検討します。

また、月度の営業会議では、１ヵ月間の計画に対する活動結果や実績について数値をもって各自が発表し、計画通りの活動ができなかった場合は、次月への反省材料とします。

②営業管理職によるプロセス管理

営業担当者からよく耳にすることは、「営業活動計画を作成しても、顧客の都合でなかなかその通りに訪問できない」ということです。しかし、営業活動はできるだけ立てた計画を崩さないで実行することが大切です。

自分の意図した通りに訪問計画を立てることができてはじめて、受注計画の数値も計画通りに進行するのです。

営業管理職は、顧客に振り回されている営業メンバーに対しては、顧客をコントロールする折衝力や顧客との人間関係を構築することの重要性について、アドバイスすることも必要です。

そのためには、営業管理職は各営業メンバーの立てた計画がどのように進捗しているかを日単位、あるいは少なくとも週単位で確認し、計画通りに活動できない問題があれば、対処方法についてのフォローアップを行う必要があります。

営業活動が計画通りに実行できる体制が形成されると、チームとしての基準に基づく有効営業活動が着実に実施されるようになります。

7. 営業情報の共有化

(1) 営業情報が共有化されていない原因

営業担当者がメンバー間で相互に情報の共有化を図ることについて、異論のある人はいないはずです。仮に営業担当者同士が隣り合わせであっても、情報の共有化がなされていないと、ビジネスチャンスを逃すこともあるからです。

しかし、各建設企業において営業組織内の営業情報が常に共有化されているかどうかは、企業によってその度合いはまちまちです。情報の共有化がうまくいかない組織、あるいはコミュニケーションの悪い組織に共通している点は、次の①～③のような状態が考えられます。

①営業担当者１人ひとりが単独で行動している

営業担当者個々人が担当顧客や地域ごとに単独で営業活動を行ったり、常日頃、営業組織内でコミュニケーションをとる機会が少ないことがあります。あるいは、自ら進んで他の営業担当者と積極的に情報を共有しようとしていないのです。

②営業担当者が他のメンバーに営業情報を伝えない

営業担当者が「営業情報が漏れる」「会議の席で発表すると追及されるので情報を隠しておく」あるいは「個人の受注目標を達成することが最優先で人のことなど構っていられない」などの理由で、意図的に情報を隠したりしているメンバーが多い傾向にあります。

このように情報をオープンにしたがらないため、営業活動が営業担当者個々人の裁量に任され、営業のアクションに遅れが出たり、ビジネスチャンスを逃すことにもなるのです。

③情報共有化の仕組みがない

朝礼や会議体などは一応行っているが、行動予定の発表や見込案件の確認などが主で、真にメンバー相互に役立つ営業情報のふみ込んだ意見交換にまで至っていないのです。

また、営業日報などは営業担当者全員が毎日記入するようにしていますが、提出された日報を営業管理職もメンバーも情報源として活用しようとしていないのです。

このようなことから、情報の共有化がうまくなされていない営業部門が多く存在しています。

(2) 営業情報の共有化の重要性

営業チームにおいて、情報を共有化することによってどのようなメリットがあるのでしょうか。主に、次のようなことが考えられます。

①より有効な営業情報をチーム全員で共有して情報量のアップにつなげる

昨今の建設営業では、営業担当者１人で一気通貫に受注することが難しくなってきています。１人で得られる情報は有限であることから、チーム全員で情報を共有化し、より有効な営業情報を活用することで、受注につなげていく活動を志向することができます。

②営業プロセスをお互いに分析することによる営業活動の改善

顧客との商談状況などの営業活動のプロセスを、営業メンバー同士がチーム内で情報共有して、営業アプローチの仕方や顧客の反応、対競合情報、市場情報などがより広範に手に入りやすくなると、これらのデータの分析結果に基づいた営業活動の見直しを図ることができます。

さらに、営業活動の受注成功要因や失注原因も営業チーム内で検討し、今後の対策として共有化することにより、営業活動の改善につなげることができます。

③営業活動の対策を相互に話し合うことによる受注促進

営業チーム内で、相互に受注を促進するための営業活動の対策を話し合うことにより、営業メンバー個々人の経験値や能力の不足を補い、受注目標達成のためにチームが一丸となって協力し合うことができます。

以上のことから、営業情報をチーム内で共有化することはプラス要素であることに間違いはないでしょう。しかしその割には、情報の共有化がなかなか進まないのはなぜでしょうか。

それは、必要性は理解していても、それを実践するとなると、組織の中に具現化するための仕組みがないことに起因している場合が多いと思われます。

(3) 営業日報を情報の共有化に活用

建設企業の営業部門においては、各営業担当者に営業日報の作成・提出を義務付けているところも多くあります。企業によっては営業日報を情報システム化し、出先の各事業所で入力した営業日報情報が、社内ネットワークの中ですべての営業担当者が自由に閲覧できるようにしているところもあるほどです。

しかし、このような企業において第１章でも述べたように「日報を提出しても上（上司）からのフィードバックがない」と答えるケースが見受けられます。

これは、各建設企業の営業管理職の大半がプレイングマネジャーでもあることに関係していると思われますが、結局のところ、意識して営業日報から情報交換を行おうという組織風土がほとんどないと言わざるをえません。

営業日報を書くことの意義は、大きくは２つ考えられます。

第１は営業担当者自らが営業活動を振り返り、顧客とどのような商談を進め、そして今後どのような営業展開を図っていくかを検討するためです。１回１回の営業活動を点として捉えるのではなく、顧客ごとに１つの商談の流れの中で、線として捉える戦略です。

第２としては、営業日報をコミュニケーションツールとして、営業管理職や営業メンバーとの情報共有化のために活用するためです。営業担当者は１日の営業活動を終え、会社に戻って営業日報を作成し、これを営業管理職とマンツーマンで、あるいは営業チーム内のミーティングの中で活用するのです。

＜営業日報＞

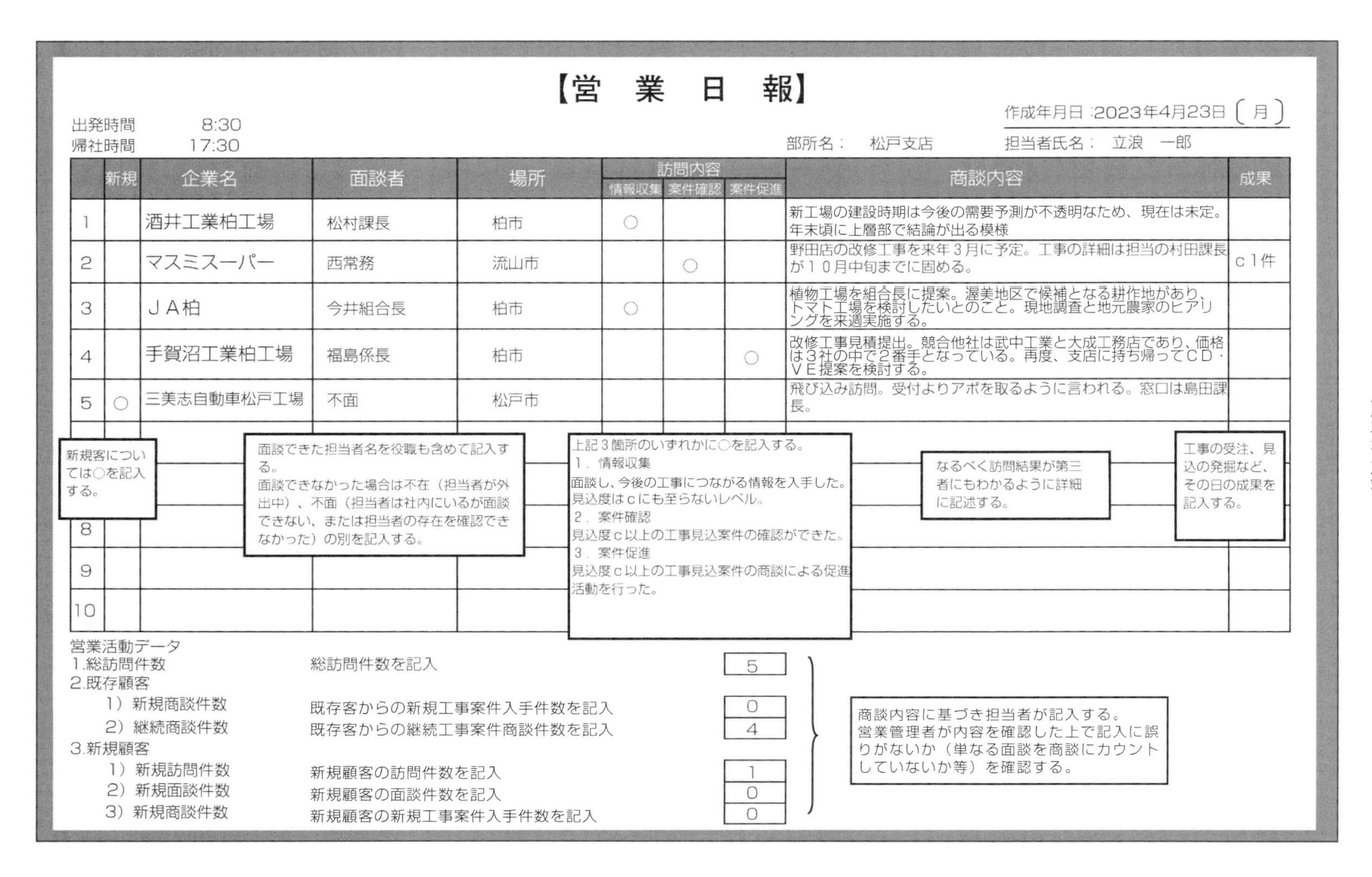

【営　業　日　報】

作成年月日 :2023年4月23日（月）

出発時間　8:30
帰社時間　17:30

部所名：　松戸支店　　担当者氏名：　立浪　一郎

	新規	企業名	面談者	場所	訪問内容			商談内容	成果
					情報収集	案件確認	案件促進		
1		酒井工業柏工場	松村課長	柏市	○			新工場の建設時期は今後の需要予測が不透明なため、現在は未定。年末頃に上層部で結論が出る模様	
2		マスミスーパー	西常務	流山市		○		野田店の改修工事を来年３月に予定。工事の詳細は担当の村田課長が１０月中旬までに固める。	c 1件
3		ＪＡ柏	今井組合長	柏市	○			植物工場を組合長に提案。渥美地区で候補となる耕作地があり、トマト工場を検討したいとのこと。現地調査と地元農家のヒアリングを来週実施する。	
4		手賀沼工業柏工場	福島係長	柏市			○	改修工事見積提出。競合他社は武中工業と大成工務店であり、価格は３社の中で２番手となっている。再度、支店に持ち帰ってＣＤ・ＶＥ提案を検討する。	
5	○	三美志自動車松戸工場	不面	松戸市				飛び込み訪問。受付よりアポを取るように言われる。窓口は島田課長。	
8									
9									
10									

営業活動データ

項目	説明	件数
1.総訪問件数	総訪問件数を記入	5
2.既存顧客		
1）新規商談件数	既存客からの新規工事案件入手件数を記入	0
2）継続商談件数	既存客からの継続工事案件商談件数を記入	4
3.新規顧客		
1）新規訪問件数	新規顧客の訪問件数を記入	1
2）新規面談件数	新規顧客の面談件数を記入	0
3）新規商談件数	新規顧客の新規工事案件入手件数を記入	0

(4) 会議体での情報の共有化

月次や週間で営業会議やミーティングを行っている企業は多くあります。しかしその中身となると、営業管理職と各営業担当者との間で工事見込案件の単なる見込度の確認に終始しているケースが多いように思われます。

見込度の確認そのものは決して悪いことではないのですが、目的意識を持って情報の共有化を進めていくのであれば、出件の経緯や、法人であれば担当者との折衝状況や競合他社の状況を確認し合い、その中で自社の優位性を促進するための戦略を会議体の中で話し合うことが大切です。お互いが受注するための有意義な意見交換を行うことにより、会議体が活性化されます。

このように情報共有を活性化させるためには、営業チームの人数にもよりますが、ある程度の時間を会議体に割かなくては十分な意見交換がなされません。

営業部門に新たな会議体の提案を投げかけると、営業現場からは「忙しくて、そのような時間は取れない」「会議なんかやっている時間があったら顧客のところに行った方がよっぽど有効だ」などというような意見が返ってきたりします。

しかし、できないと言う前に、情報共有化の重要性を再認識するとともに、確実にそのための時間を確保するためにどうすればよいのかを、真摯に考えることが大切です。

営業活動の時間を確保しながら、情報の共有化を図る会議体を行おうとすると、例えば始業前の朝や夕方の遅めの時間帯を割り当てることも必要になってきます。

このような時間の設定については、働き方改革が叫ばれる昨今では、営業メンバーの理解や協力なくしては実現ができないことも確かです。会議時間を確保し、継続的に実施していくためには、営業チームのメンバー全員に対して情報共有化の目的や重要性をきちんと理解・徹底させ、皆で前向きな発想をもって取り組んでいくことが求められます。

8. チーム内での問題解決～会議体の機能化～

(1) メンバーの参画意識をどのように高めていくか

前節では営業情報の共有化について解説しましたが、ここではそれを一歩進めて、受注獲得のためにいかにメンバー間で問題解決のための参画を促していくかについて解説します。

あなたの会社では営業部門の会議体において、各メンバーの発言は積極的に行われていますか。営業管理職からの一方的な連絡や、ありきたりの伝達で終始していないでしょうか。営業チームとして活性化された組織は、メンバー間の発言が活発であり、その発言に際しては営業管理職や他のメンバーとの間に隔てがなく、自由闊達（かったつ）な意見や前向きな提案が飛び交っているものです。最近の建設営業の工事見込案件は、非常に高度かつ難しい内容のものが増えてきています。このような状況の中で、1人の営業担当者が一気通貫に工事見込案件をまとめることは極めて難しいといえます。営業メンバーの衆知を結集して、困難な案件や受注するに当たっての障害や対策について話し合うことが、営業チーム全体の受注促進において非常に有効な活動となるのです。

メンバーの参画意識を高めるには、次のような点がポイントとなります。

①営業管理職からの発言よりも、メンバー相互で発言し合うことの重要性を認識してもらう。
②1人ひとりが自分さえ良ければという利己主義を捨て、チームで目標達成することが個人の目標達成にもつながることを意識させる。
③個々人の情報やノウハウを常に公開することにより、皆の提案力がより高まることを実感してもらう。
④各人の発言に対し、単なる批判や中傷などを行わない（極力肯定的に受け止める姿勢で臨む）。
⑤営業管理職やベテラン社員は、冒頭の発言を極力抑えて、なるべく若手・中堅社員に発言の場を持たせることにより、チーム全体の発言がより活発になるように仕向ける。

(2) どのような専門性を高めるか

次に、様々な工事見込案件についてより有効な問題解決に導くためには、営業チームとしてどのような専門性を高める取り組みを始めたらよいのか、考えていきます。

建設営業の範囲は、施工技術、法規、税務、金融、事業開発など多岐にわたり、前述した通り近年非常に高度化され、難解な案件が増えてきています。このような中で、チームとしての工事案件の対応力である専門性を高めていくには、組織的な取り組みが重要となります。

まず、営業チーム内での最初の決めごととして、どのような専門性を高めていく必要があるかをあらかじめ話し合っておくことです。必要な専門テーマをリストアップしたら、それを営業メンバー１人につき１つないし２つをテーマ設定し、各人が専門テーマについて研究を行います。専門テーマは、一度にあれもこれもと欲張らずに、重要度や緊急度を加味して決めることが大事であり、習熟してきたら少しずつ専門領域を増やしていけばよいのです。

専門テーマを持ったメンバーは、研究のために情報源としての業界専門の新聞、雑誌、書籍の購入や、時には外部のセミナー受講なども必要になるかもしれません。営業管理職は、このような情報収集に必要な経費などをあらかじめ予算化しておくことも必要でしょう。

そして、実際の問題解決の場面では、会議体などで工事見込案件についての検討が行われた際に、具体的に仕掛中の営業担当者と、その工事見込案件の内容を専門テーマとしている営業担当者とが相互に協力して、チーム一丸となって取り組み、受注獲得を目指します。

営業担当者ごとに受注目標が設定されている企業の場合、他のメンバーの受注に協力することに抵抗が出てくることも予想されます。このような場合にこそ、営業管理職はリーダーシップを発揮し、相互の協力を促すとともに、会社としても人事考課などの場面において、成果を協力度合いに応じて公平に割り振るなどのキメ細かい配慮が必要です。

繰り返しになりますが、営業チームとして組織的に受注を獲得して目標達成をするためには、チーム営業としての問題解決を図る活動は欠かせない重要な要素になります。

(3) チーム営業における会議運営

前述の通り、チーム営業には全体の情報共有化や問題解決の場としての会議体の役割が非常に重要です。

ただし、営業管理職が円滑かつ有効に進めていかないと会議体が単なる打ち合わせで終わったり、マンネリ化したりすることになります。ここでは有効な会議体のあり方について解説します。

①会議運営のポイント

チーム営業の会議体において、ルールや管理ポイント（仕組み）が整備されていないと、次のような問題点が発生します。

- 会議体の時間が短くて表面的な討議となる。または時間は長いが、非生産的で参加者がウンザリしている。
- 会議体が上意下達型であり、あまり営業メンバーから意見が出ない。
- チーム全体で問題解決する場にならない。
- 「会して議せず、議して決せず、決して行わず」という状態になり、会議体が無意味なものになってくる。
- 「学習するチーム会議」から、ほど遠いものとなる。

また、会議体を行う上では次の点に留意してください。

●会議体の日時・参加者を決める

会議体の日時（月末、週末など会議体ごとの日程と開始時間等）や、参加者（月次会議は事務担当の社員を含め極力全員参加）をなるべく固定して決めておきます。例えば、「週間会議は毎週金曜日に営業管理職と営業担当者が全員参加」のように開催日程と参加者を固定することで、営業管理職が毎回通知しなくてもよいようにしておきます。

●事前準備を十分に行う

営業管理職は会議体の議事次第（会議体の進行予定や議事の内容）や事前準備資料・データ（例：訪問件数、面談件数等の活動データ、顧客へのアプローチ状況の報告など）を会議前に準備しておくようメンバーに伝達します。

資料やデータをそろえるのにメンバーが十分な時間を取れるよう事前通達します（例：月度会議開催の１週間前等）。ただし、資料やデータなどに毎回変更がなく、メンバーが内容を理解していれば、会議直前の朝礼や日報ミーティングで営業管理職が事前準備活動の状況を確認してもよいでしょう。

●会議体のルールを決めメンバーに厳格に守らせる

会議体をより有効に意義のあるものにしていくためには、営業管理職は会議体のルールを決め、メンバーに厳格に守らせなければなりません。

一度決めたルールをもし逸脱するようなメンバーがいれば、注意や時には叱責を行うなどして厳しく接することで営業管理職はルールを徹底させる（けじめをつけさせる）ことができます。

特にチーム営業において守らせるべきルールは次のものがあげられます。

・時間を厳守する

もし、どうしても都合により会議体に遅れたり、欠席する場合は事前に営業管理職に連絡を行います（無断遅刻・欠席は厳禁）。

・**事前準備資料やデータなどをきちんと用意しておく**

会議体が始まってから「あの資料がない、このデータは今から確認します」などのバタバタがないようにします。

・**会議体の趣旨を理解し運営に協力する**

他者の意見に対する批判に終始したり、ネガティブな発言をしたり、発表を割愛したりするなど、会議体の趣旨に反するような行為は慎み、積極的な参加をするようチームメンバーに促していきます。

●忙しさを理由に会議開催を見送らない

業務が忙しいことを理由に、参加メンバーが会議体に遅れたり参加しなかったりすると「今日の会議は止めよう」という雰囲気になりがちですが、これはいただけません。「忙しさ」を理由にした会議体の中止はチーム営業の継続性や意思統一という面で非常に問題が多く、少人数であってもなるべく開催することが望ましいのです。

なお、月間会議や週間会議を別の日程に延期するようなことも２度、３度と重ならないようにしましょう。

●メンバーの積極的な発言を促す

情報共有化や問題解決のために、メンバー各人が会議体で積極的に発言できるよう配慮しましょう。特に営業管理職やベテラン社員は、会議体のスタート段階では発言を抑え、若手・中堅メンバーに積極的に発言するように促すのがよいでしょう。

年次が浅かったり受注実績が少なかったりすると、ともすれば発言が消極的になりますが、個人の営業力を上げることがチーム全体の営業力向上につながることを意識して積極的に発言させます。

②各会議のポイント

●年間会議のポイント

・**方針（戦略）・目標の確認、または設定**

チームとしての方針（戦略）や目標をチーム内で共有しましょう。

・**目標の割り当て**

受注目標や有効営業活動などの目標をお互いに理解した上で設定しましょう。

・**目標と基礎数値の確認**

基礎数値と挑戦目標の別を顧客情報や見込案件情報に基づき明確に区分し、特に挑戦目標への対策を十分に行いましょう。

・受注目標達成のための年間計画策定と内容協議

年間計画が受注目標達成の青写真となっているかどうかを情報や裏付けデータに基づき分析しましょう。

・年間の有効営業活動、活動基準の設定及び見直し

営業チーム内で話し合い、真に有効営業活動となる活動基準と目標値を決めます。

●月間会議のポイント

・重点方針・施策の明確化

営業管理職は方針や目標を提示してメンバーに共有しましょう。特に３～６ヵ月先の受注予定や見込案件情報を念頭に先行管理の視点から方針を打ち出すべきでしょう。

・個別受注実績の検討と営業活動の改善点指導

受注実績の検討に終始せず、前月の月間計画の進捗状況や有効営業活動の状況などをふまえて個別にアドバイスを行いましょう。

・有効営業活動の実施状況の検討と実績による検証と見直し

目標と有効営業活動との乖離を確認するとともに、未達成の原因を分析し次月に向けた対策を十分検討しましょう。

・月間計画の発表と検証

月間計画が月度の受注目標や見込案件の進捗を促進できる内容かを確認しておきましょう。

●週間会議のポイント

・週間計画の実施度、進捗度のチェック

・翌週の訪問予定の確認及び検討

プロセス管理の視点から、計画通り顧客を訪問しているか、かたよった訪問や無駄な訪問、非効率な営業活動となっていないかどうかを確認しておきましょう。

・個々の商談に対する作戦検討

１週間の結果報告よりも次週の訪問予定に基づいて顧客ごとに十分な対策を立て、訪問目的を明確にすることに力点を置くようにしましょう。

●日報ミーティングのポイント

・１日の訪問結果の発表

１日の訪問結果を詳細に報告し、メンバー全員でアドバイスをし合う場を設けましょう。商談を振り返って顧客ニーズを確認し、次回の訪問に向けた課題や、営業活動が不調な原因について一緒に意見を出し合い、メンバーに考える習慣をつけさせます。

また、積算や施工など営業活動以外の仕事で１日が終わった場合も、仕事の進捗度合いを発表させチーム内の情報共有を図ります。

・翌日の活動計画の発表

翌日の活動計画を各自が発表し、訪問目的や事前準備を確認します。

・商談内容のヒアリングと次回の訪問予定とその対策検討

訪問結果が良い時もそうでない時も、次回の訪問に向けて課題や対策、事前準備などを検討しておきます。

・発見された課題や能力不足に対するフィードバック

若手・中堅社員へのＯＪＴの機会として、訪問結果を詳細に聞き取ってその課題を指摘し、適切なアドバイスを行います。必要に応じたロールプレイングや同行営業の段取りを行います。

9. 他部門との組織的な相互関係

建設営業が他業界の営業と比較して異なる点はすでに述べていますが、営業担当者がスタートからゴールまで受注獲得のためにすべてを一気通貫の個人技でこなすことがまれであり、基本的には積算や設計、工事などの技術部門と連携することが多いでしょう。逆に言えば、それだけ他部門と協力する場面が多く、受注の成否もその連携具合にかかっていると言わざるをえません。チーム営業として進めるべき他部門との組織的な相互関係には、どのような関係づくりが必要でしょうか。

(1) アドバンス営業の重要性

①アドバンス営業とは

あなたの企業では、年間の受注目標をさらに月別に設定し、営業部門の中で月別の受注目標を達成するための管理（コントロール）に、どの程度の力を費やしているでしょうか。企業によっては、この月別の目標が不明確であったり、月別の目標が達成できなくても「しょうがない」で終わらせたりしていませんか。

このような企業においては、月別の出来高目標にあまり関心を示しておらず、毎月の実績を重要視していないのでしょう。出来高目標とは、1年間の完工高の目標を12ヵ月に配分したものであり、仮にある企業が年間60億円の完工高を上げなくてはならないとすれば、月平均5億円の出来高を上げる必要があります（実際には季節指数等により均等にはなりませんが…）。

官庁工事の比率の高い企業の場合、1年の中で年末及び年度末の時期の出来高は非常に高く、逆に5月～8月頃の閑散期は出来高が極端に低くなります。

営業サイドからすれば、年間の受注目標の達成が最大の目標ではありますが、企業経営的には、12ヵ月の出来高を毎月コンスタントに積み上げていかなくては目標の完工高が上げられず、求める収益が達成できなくなる可能性が出てきます。

そこで営業組織は、単に年間受注目標の帳尻を合わせるのではなく、月別の受注目標をクリアすることにより、工事部門に安定した出来高を上げさせ、企業収益に貢献しなくてはならないのです。これをアドバンス営業といいます。

②営業管理職が判定する見込度

月別に安定した受注を上げるために、営業管理職は工事見込案件の見込度についての判定基準を持ち、案件の受注可能性を見極めながら受注をコントロールしなければならないのです。

これは、営業チーム全体の受注管理のみならず、工事部門との連携においても極めて重要です。なぜなら、建築・土木の別を問わず、受注した工事には現場代理人を当てはめなければなりませんし、仮にその時にスケジュールが空いている工事技術者がいなければ、受注したくてもできないことにもなります。

そのために、工事部門は技術者の空き状況を見ながら適切に人員を割り振らねばならず、工事部門サイドからすれば「いつから技術者を配置するのか」という状況をあらかじめ把握しながらローテーションを管理していくことが大事なのです。

(2) 組織営業の重要性

組織営業という言葉を用いなくても、建設営業において他部門（主に工事部門）のメンバーと協調しながら営業活動を進めていくことは、各社とも大なり小なり行っているはずです。しかし、受注という大目標に向かって、組織として機能的な動きや営業体制が十分に取れているかどうかとなると、企業の中では部門によってかなりの温度差があるものと思われます。

組織営業とは、「組織横断的に情報・ノウハウの共有化を進めながら、全社的な取り組みで受注に結び付ける活動」のことをいいます。営業が主体的に動く必要性はもちろんですが、他部門のメンバーに対し受注に向けて積極的な参画を促すことができなければ、真の組織営業とはなりません。

(3) 積極的なマネジメント・支援活動

建設営業においては、工事見込案件が具体化すると必ず積算・見積業務が発生します。建設企業によっては、積算部門を営業部門の中に取り込み、迅速かつ営業サイドに立った（受注を優先させる）積算業務を行っているところも出てきています。しかし大半の企業には、工事部門もしくは営業と工事部門との間の中立の立場に積算部門が存在しています。ちなみに中小建設企業の場合は、積算の専門部署がなく、工事部門長が積算を行うケースが多いようです。

営業管理職は、営業チームの中で工事案件に積算・見積業務が発生した場合は、営業メンバーと積算担当者との連絡調整を行い、顧客からの要求事項（予算、仕様など）や見積書に記載すべき内容を漏れなく社内伝達し、提出期限に間に合うように積算・見積業務全体のコーディネートを行わなければなりません。

これらの活動を営業メンバー任せにすると、その間のやり取りが見えないだけでなく、社内的なコミュニケーションの不足や遅れによって、営業活動に支障が出てくることも考えられます。

また、必要に応じて積算や設計、工事技術者と同行営業などを行う場合もあります。このような場合は、たとえ忙しい技術者であっても時間の都合をつけてもらい、営業支援活動に駆り出すことも営業管理職の仕事です。

営業管理職は、営業担当者と同行する技術者にも同行営業の目的と顧客からの要求事項を事前に伝達し、訪問した際に土地や既存施設を調査したり、顧客から聞き出したりすべきことを前もって打ち合わせておきます。これらのマネジメントを確実にこなし、訪問に当たって効率よく何度も足を運ぶようなことにならないよう段取りをすることが営業管理職に求められています。

(4) 応札検討会の運営

営業部門では、入札前の見積提出に際して、営業担当者を中心に積算や設計の担当者、工事部門の責任者が集まり、見積提出金額等を決定する応札検討会（企業によって見積検討会議、ＮＥＴ会議など名称は様々）を行っていると思います。顧客からの要求事項は、価格、設計、技術（ＶＥ提案含む）、企画内容など様々あり、すべてを営業の手で処理することはできません。

そこで、営業管理職は他社との競合に勝ち残るために他部門の関係者に対し招集をかけ、受注獲得に向けた応札検討会を主催し、組織をあげて受注獲得のための協議を行うことになります。

応札検討会には、営業担当者は受注に向けての対策や情報（例：顧客の発注予算、競合他社の状況等）を持って参画せねばなりません。別の言い方をすれば、営業管理職は他部門の関係者に前向きに協力してもらえるだけの工事見込案件に関する情報を持って、メンバーとともに応札検討会に臨まなければなりません。

筆者の経験では、競争力のある企業や特命比率の高い企業においては、特にこの応札検討会に力を注いで受注対策を行っているところが多いように感じます。

営業管理職は、常に他部門の関係者と良好なコミュニケーションを図るとともに、全社的に「受注に協力したい」という意欲とモチベーションを高めさせることが求められています。

組織営業は、このように組織横断的な集合を核として受注に向けて相乗効果を発揮し、そしてそれが組織として営業の強さになるのです。

10. ＳＦＡ・ＣＲＭの活用

建設業界においても昨今のＤＸ化（デジタルトランスフォーメーション）の高まりにより、業務のデジタル化が進んでおり、営業現場のような人的な泥臭い部門も例外ではなくなってきています。筆者の営業コンサルティング先でも、営業現場のＳＦＡ[1]・ＣＲＭ[2]を導入しているところが徐々にではありますが増えています。

しかしながら、中堅・中小建設業の営業現場におけるデジタル化は実際のところほとんど進んでいないと感じますし、仮にＳＦＡやＣＲＭ等のシステム導入を行った企業も、現実の活用については上手に使いこなしているとは言い難い状況が見受けられます。

---

1. ＳＦＡ：Sales Force Automation の略。営業の商談履歴や案件管理など、営業活動に関する情報支援のためのシステム
2. ＣＲＭ：Customer Relationship Management の略。顧客企業及びその役員・社員など、顧客との関係づくりのための情報支援のシステム

(1) 営業現場のデジタル化が進まない理由

中堅・中小建設業で営業現場のデジタル化が進まない理由はどんなところにあるでしょうか。

①案件管理のマネジメントに終始

現状の営業部門のマネジメントが工事見込案件を確認し、その案件の中から落とす（受注見込）案件のみを選択して、営業活動に活用するだけであれば、システム化しなくてもエクセルの表で管理するだけで十分です。

②個人に委ねる情報の属人性、非公開性

本来の営業組織は、営業情報を組織内で共有化することが求められます。ですが、実際のところは個人任せの営業活動となってしまい、情報を個人で抱えて、組織内で共有できていない場合があります。

③営業実務の構造化ができていない

営業という世界は客商売の泥臭い部分が多分にあり、デジタル化を進めるには現状の営業実務を系統立った形に構造化しないとシステムに乗ってきません。そ

のような意味から、デジタル化は現状の営業活動の対極にあり、勘と経験、結果オーライの営業の世界から脱却できずにいます。

(2) 営業の見える化ツールとしてのＳＦＡ・ＣＲＭ

ＳＦＡとＣＲＭはどちらも営業のための支援システムです。営業活動に視点を置いたＳＦＡと、顧客関係づくりに視点を置いたＣＲＭとは活用目的は異なりますが、両者は情報システムとしては、ほぼ共通した機能を有しています。

ＳＦＡとＣＲＭを活用すると営業現場にどのような効果が期待できるでしょうか。ＩＴ企業が提供するシステムによって違いは若干ありますが、概ね次のような点があげられます。

①ＳＦＡで実現する営業情報管理

●工事案件情報の整理・分類機能が高い

まず、ＳＦＡの利点としては、建設営業で重要となる見込案件情報の整理・分類機能が高い点にあります。下図のように営業担当者が顧客との商談情報をＳＦＡに日報入力すると工事見込案件ごとに整理・分類をシステム上で行うため、営業管理職は必要な時にいつでも現在の工事見込案件の進捗状況を確認することができます。

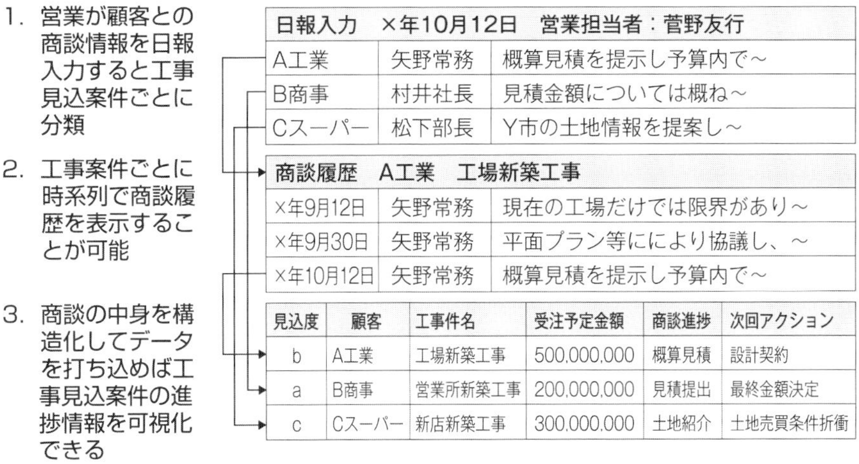

1. 営業が顧客との商談情報を日報入力すると工事見込案件ごとに分類
2. 工事案件ごとに時系列で商談履歴を表示することが可能
3. 商談の中身を構造化してデータを打ち込めば工事見込案件の進捗情報を可視化できる

日報入力　×年10月12日　営業担当者：菅野友行		
A工業	矢野常務	概算見積を提示し予算内で～
B商事	村井社長	見積金額については概ね～
Cスーパー	松下部長	Y市の土地情報を提案し～

商談履歴　A工業　工場新築工事		
×年9月12日	矢野常務	現在の工場だけでは限界があり～
×年9月30日	矢野常務	平面プラン等ににより協議し、～
×年10月12日	矢野常務	概算見積を提示し予算内で～

見込度	顧客	工事件名	受注予定金額	商談進捗	次回アクション
b	A工業	工場新築工事	500,000,000	概算見積	設計契約
a	B商事	営業所新築工事	200,000,000	見積提出	最終金額決定
c	Cスーパー	新店新築工事	300,000,000	土地紹介	土地売買条件折衝

●商談進捗度を詳細に可視化できる

ＳＦＡの２番目の利点としては、営業プロセスの商談進捗に合わせた顧客アプローチによって工事見込案件のランクアップ活動を可視化できる点です。

例えば、P.170「プロセス管理　①建設工事の営業プロセス」（第４章-11.）で解説した営業プロセスを例に取れば、工事見込案件が第１段階の建設工事企画から第５段階の契約・アフターフォローまでの５つの段階の内、どこの段階であるのかを営業日報として入力しておくと、営業管理職による確認ができます。それだけに留まらず、工事見込案件に必要な情報も併せて案件ごとに入力すれば、その段階に応じた情報が現在どこまで入手できているのか、入手できていない情報は何であるのかを確認することができます。

営業管理職は、これらのＳＦＡ情報をもとに営業メンバーの工事見込案件の見込度をどう評価し、見込のランクアップや最終的な工事受注に向けて今後のアクションをどうするのか、といったことを検討する材料に使うことができます。

②ＣＲＭで実現する顧客関係強化

●個人任せの顧客管理から組織管理に変える

ＣＲＭを活用する第１の利点は、営業担当者の個人任せの顧客管理からデジタル化による組織管理に変えられることで、それは最大の魅力です。建設営業におけるＣＲＭ活用のポイントとしては次の点があげられます。

・顧客別に自社の過去施工実績から現在の工事見込案件まで一覧で確認できる。
・法人顧客の役員、社員を担当部署ごとに複数登録でき、利害関係者（金融機関、設計会社等）との接点なども紐付けることができる。
・顧客とのこれまでの実績や関係性の強度、今後の発注見通しなどによりランク付けを行い、直近数ヵ月の訪問有無などのアプローチ実績のチェックができる。
・以上をＳＦＡの営業活動実績と紐付け、顧客別のアプローチ状況のモニタリングができる。

●多角的な分析ツールとして活用できる

ＣＲＭ活用の２番目の利点は、顧客との関係強化を図るための多角的な分析ツールとして活用ができることです。

これについてはＣＲＭを活用して、ＳＦＡの顧客訪問等から得られた情報と紐付けながら、次のような多角的な分析をすることが可能です。

・**a.　顧客関係性を測る尺度**
顧客との取引状況、キーマンや窓口担当者との親密度、特命工事や本命業者指名の度合い、工事情報の入手スピード等、顧客関係性を測る尺度で分析します（顧客関係性は、P.34「顧客管理」/第１章-６.参照）。

・**b.　工事発注可能性を測る尺度**
過去の発注と受注実績、競合他社とのシェア比較、現在の見込と今後の工事発注見通し、顧客の業績と今後の成長性等の尺度で分析します。

・**c.　顧客の工事発注傾向を測る尺度**

工事案件の引き合いから受注に至るプロセスの傾向、利害関係者との関係性等（設計会社、金融機関等）の尺度で分析します。

上記 a.〜c.については、ＣＲＭが自動で分析を行う訳ではもちろんありません。常時、ＳＦＡを含めた顧客情報やデータを収集し、入力してはじめて分析が可能となります。ＣＲＭの分析結果を基に顧客に対する戦略的なアプローチを強めることで、顧客との関係性を深め、受注につなげていくことが可能となります。

(3) 営業現場のデジタル化を進めるためのポイント

建設業の営業部門でＳＦＡやＣＲＭといったデジタル化を推進していくためには、どのような点がポイントとなるでしょうか。

①何のためのデジタル化であるのか、目的を明確にする

そもそも会社として、営業部門として、何を目指して、デジタル化を通じてどのように営業現場を変革したいのか、目的を明確にすることです。導入目的が不明確なままシステムを導入している企業も見受けられます。

②経営トップとすべての営業担当者が上下一心となって取り組む

中堅・中小建設企業の場合、営業の実質的な総責任者は経営トップの場合がほとんどです。そのようなことからシステム導入を営業任せにせず、経営トップも一体となって取り組むことが個人任せの営業から組織的な営業へのターニングポイントとなります。

③日々徹底した活用を通して自社の営業課題を探す

デジタル化をやると決めたら日々徹底して行うことです。逆を言えば、中途半端な活用はデジタル化で一番やってはいけないことです。徹底して行う中で自社の営業課題を常に探索し、改善活動に取り組むことが従来の勘と経験の世界からの脱却につながります。

(4) システム導入のステップ

次に、営業現場でＳＦＡやＣＲＭ等のシステム導入を進めるには、どのような手順をふんで進めていけばよいでしょうか。この場合、システムの導入に取り組む前にまずは方針を決め、構造化し、その後にシステム導入しながら着実に定着化と効率的な運用を進めていくことがポイントとなります。

①自社営業部門のデジタル化の目的を決める

まずは、上述したように自社の営業部門をどのように変革するためのデジタル化であるのか、目的を明確にすることです。勘と経験といったアナログの世界からデジタル化を通して、どのような変革を実現したいのかを組織全体で明確にすることです。

②自社の営業管理の仕組みを構造化して、営業マネジメントの中で実践する

本書でも取り上げてきた顧客との関係性であるとか、営業プロセスの段階、工事見込案件の見込度の基準等の営業管理について構造化し、これらをまずはエクセルで可能な範囲でよいので活用してマネジメントに取り組んでみることです。ＳＦＡやＣＲＭ等のシステム活用で、さらなる効率性や利便性が見えてくるはずです。

③構造化した営業管理の仕組みをシステムに乗せる

将来的なシステムの拡張性も視野に入れながら、営業管理の仕組みをＳＦＡやＣＲＭ等のシステムに乗せていきます。

④データに基づく継続的な営業マネジメントを実践する

営業情報をシステムに日々（逐一）入力し、データに基づく営業マネジメントを継続的に実施します。システムの運用は経営トップと営業メンバーが全員参加して進めていくことが重要です（継続は力なりともいいます）。

(5) 経営トップの取るべきデジタル化の方針管理

ＳＦＡにしてもＣＲＭにしても、中堅・中小建設企業においてはシステム導入の成功の可否は経営トップにあると筆者は感じております。

デジタル化は営業現場以外の部門も含めて設備投資が伴います。さらに、社員のシステム入力に伴うマンパワーを人件費と捉えれば、相当なコストが掛かります。デジタル化は特に営業現場においては、経営トップが「金は出すが、口は出さない」ということでは成功はあり得ないと考えます。社員と一体感を持って経営トップがシステム導入前も導入後もリーダーシップを発揮すべきであり、次の３点が重要です。

①デジタル化の目的を組織内で明確にした上で、経営トップが判断すること

繰り返しになりますが、営業現場のデジタル化で何を革新するのか、経営トップと営業部門が組織として明確にし、その上で経営トップがシステム導入の最終判断をくだします。

②専門家の育成よりも水平展開に力を入れること

新たなシステム導入では、ともするとシステムの専門要員（専門家）を育成することに主眼が置かれますが、それも大事なことではあるかもしれませんが、それ以上に大事なことは「営業メンバー全員が理解し、活用する」ことです。

営業部門内で、「『このシステムの担当は○○営業課長です』と、他のメンバーは見向きもしない」では意味をなしません。最初にシステムの専門家を育てるのはよいとして、なるべく早期にすべての営業メンバーが一様にシステムを活用する体制（水平展開）を図ることを目指してください。

③経営トップがデジタル化の有効性を常にマネジメントすること

営業現場でデジタル化を行っているある建設企業では、営業担当者が営業先から帰社後に日報入力すると、早ければその日の内、遅くとも翌日には、役員から入力情報に基づきフィードバックが返ってきます。

このようにシステム導入後は、経営トップは自らデジタル化の状況をモニタリングし、より有効な営業マネジメントツールとして活用していくことが求められます。

11. 営業担当者の育成

(1) 営業担当者の育成にどれだけ時間を割いているか

本章では、営業管理職のマネジメント能力という視点からチーム営業について解説してきました。チーム営業の中では、特に情報の共有化という点を強調して説明してきましたが、情報は受け取る人によって感じ方が異なります。

例えばある営業部門の会議体において、営業管理職が顧客や工事見込案件などの情報について話をしたとします。この情報を受け取った時に、営業のベテラン社員は「そうか、この情報は使える！」とさっそく自分の営業活動の中で活用しようと考えるかもしれません。しかし経験の浅い営業担当者が同じように情報を受け取ったとしても、ただ聞き流してしまうこともあるでしょう。

情報に関する問題認識の精度が悪いと、ただ他人ごとのように情報を聞いただけで終わってしまうことにもなります。

実は営業メンバーが顧客と商談活動を行うに当たって、より有効性の高い営業ができるかどうかを考えた場合に、情報の共有化という問題ひとつをとってみても、営業メンバーの経験や能力、問題に対する意識などの高低によって、効果を発揮することになったり、商談に何のプラスにもならなかったりするのです。あなたの営業組織ではいかがでしょうか。

「若い営業担当者が育たない、使えない」と言う前に、若い営業担当者とどのくらい向き合い、育てるための努力をされてきたでしょうか。「若手営業担当者が理解できていない」と感じたら、噛み砕いてやさしく説明するぐらいの時間を割き、接しているでしょうか。

筆者は、いくつかの建設企業の営業担当者に、情報共有化のひとつである営業ミーティング（会議体）に割く時間を尋ねてみたところ、せいぜい週に１～２時間程度、月の会議体でも２～３時間程度でした。会議内容についても、受注見込案件の進捗管理がほとんどで、とても営業管理職が若手営業社員の指導を兼ねて行うような中身になっていないところが大半でした。

若い営業メンバーを一人前に育てて戦力化することも営業管理職の大切な使命です。「受注目標達成のための活動に忙殺されて、若手育成がなおざりになってしまった」などということでは、管理職として失格だと言わざるをえません。

(2) 営業として一人前の基準はあるか

①一人前の基準とは

それでは、一人前としての基準はどうなっているのでしょうか。筆者が建設企業を訪問した際によく確認することですが、例えば工事部門であれば「一人前の現場代理人として、必要な知識・技術などの能力要件を記述したものはありますか」ということを聞いています。

工事部門では、新入社員として入社しておよそ５年～８年の経験（企業の規模や建築、土木などの業種、経験工事の内容、あるいは配属先によってもまちまちですが…）を経て、ほぼ一人前になっていくわけです。現場でも昔のように「俺の後ろ姿を見て覚えろ！」というような前近代的な方法では若手社員は育ちません。常に能力の棚卸をしながら、段階的に指導育成をしていかなくてはならず、そのためには一人前の技術社員としての基準を示さなければなりません。

上記の「現場代理人としての一人前の基準」がつくられている企業は、実際のところそれほど多くはないと思われます。しかし、現場代理人としての基準を作成している企業においても、営業担当者の基準まで作成しているかということになると、筆者の経験では皆無に等しいと感じています。

営業担当者を一人前に育てるのであれば「まずは３年くらいの経験を積んで…」などというアバウトなものではなく、確実に身に付けなくてはならない基準を明確にしておくべきです。

営業管理職は、営業として身に付けておくべき能力の基準を営業組織の中で話し合って明文化し、それに基づき育成が必要な営業社員との間で毎年目標設定しながら、計画的な指導育成を行っていくことが必要です。明確な基準があることによって、漏れや偏りのない総合的な能力を身に付けた営業担当者を育てることができるのです。

②一人前の営業担当者を育てるには

建設営業担当者を一人前に育てるためには、まず自社としての一人前の基準を設定する必要があります。筆者は営業コンサルティング先で、営業担当者の一人前基準設定として、キャリアプランとスキルマップを作成しています。

キャリアプランは、建築の設計で言えば基本設計のようなもので、営業担当者としてのおおよその能力レベルの段階を俯瞰できるように設定します。ここで重要なことは、営業配属後に何年くらい掛けて一人前にしたいのかを明確にすることです。

スキルマップは、設計図面で言えば実施設計のようなもので、より詳細に年次ごとにどこまでのスキルを身に付けるべきかを明確にしていきます。

スキルマップの設定項目としては、次のようなものがあげられます。キャリアプランもスキルマップも本書ではあくまで参考例としてあげています。各社の営業部門の実態に合わせて作成し、活用いただければと思います。

●スキルマップの設定項目（例）

・**営業計画**
目標管理、ターゲット顧客の明確化、月間計画の策定、週間計画の策定、活動実績の整理・分析

・**活動計画**
顧客コミュニケーション、見込案件ランクアップ活動、顧客管理、社外ネットワークからの情報収集、営業知識、内部コミュニケーション活動

・**営業業務管理**
顧客要求事項の確認、与信管理、入札書類（見積書含む）の作成と提出、顧客要望・苦情への対応、工事入金管理、引き渡し物件への対応

＜キャリアプラン（例）＞

営業キャリアプラン							
入社年次	1年目	2年目	3年目	4年目	5年目	6年目	7年目
習得要件	**上司・先輩の指示・指導のもと営業活動を実施している（見習い営業）**	**上司・先輩の指導を受けながら、単独で動いて営業活動を実施している（初級営業）**		**自ら考えながら受注目標達成のための計画的な営業活動を実施している（中級営業）**		**顧客ニーズを的確に捉え、常に工事見込案件の掘り起こしを進めることで安定的な受注活動を実施している（上級営業）**	
態度要件	顧客に対するマナーなど基本動作や社会人としての仕事の基本が身につく						
営業計画	上司・先輩の指導を受けながら、営業部の数値や顧客訪問活動の計画について理解している	上司・先輩の指導を受けながら、個人目標数値に対する意識や効率的な訪問計画を立てて活動している		自力で個人目標を達成する意識を持ち、月、週、日の活動について優先順位をつけながら効率的な訪問計画を立てて活動している		受注目標達成のために年、半期、月、週、日の具体的な計画を立てて、営業活動に優先順位をつけて活動している	
活動計画	上司・先輩の指導を受けながら、営業部の数値や顧客訪問活動の基本を習得している	上司・先輩の指導を受けながら、商談における情報収集活動及び見込案件のランクアップ活動を行っている		顧客訪問時に情報収集すべき事項を自ら認識し、受注に向けての工事見込案件のランクアップ活動を能動的に行っている		営業部門の方針に沿った受注活動を計画的に実施し、社内外の人脈を活用しながら的確な情報収集と工事見込案件のランクアップ活動を通して、受注確率を高める活動を行っている。	
営業業務管理（入札、契約、催事、入金管理等）	上司・先輩の指導を受けながら、営業業務管理における仕事の流れや書類の内容を理解している	上司・先輩の指導を受けながら、営業業務管理を実施している		自ら営業業務管理をミスなく、正確に処理するとともにリスク管理を実施している			

＜スキルマップ（例）＞

スキルマップ No.1　職務：営業部営業職

記入方法（評価欄の記号）
- ◎ … できている（期待する基準に達している）
- ○ … まあまあできている（まだ多少の課題はあるができるようになった。上司・先輩の指導のもとではできる。）
- △ … あまりできていない（経験を何度かし、一部はできている）
- × … できていない（経験はしたが、ほとんどできていない）
- ー … 経験していない

分類	到達目標	評価方法	指導方法	入社1年目	入社2年目	入社3年目	入社4年目	入社5年目	入社6年目	入社7年目	評価
営業計画	1）目標管理 個人の目標数値を常に意識し、目標達成に向けた不足数値対策としての戦略・戦術を計画している	営業会議において常に受注目標と実績との差異を把握し、その具体的な対策を発言することができているか	年間計画書を活用した不足数値対策の指導を行う	営業部全体の目標数値を理解しようと努力をしている	上司・先輩の指導のもと、個人目標を意識した活動を実施している		自ら個人の受注目標を意識し、不足数値対策を十分に練って活動している		受注目標を達成するために顧客別戦略・戦術を立案し、年・月・週・日の単位で計画に落とし込んでいる		

12. ＯＪＴによる教育のポイント

ほとんどの建設企業において、営業管理職はプレイングマネジャーであると思われます。管理者自らが担当顧客先を持ち、一営業担当者としての活動を行いながら、営業メンバーの部下の指導も行うことになります。

多忙な営業管理職は、限られた時間の中で部下の指導・育成を行うことになりますが、そこでおのずと指導の中心は、ＯＪＴ（On the Job Training の略で「職場内教育訓練」のこと）による育成となります。

ここでは、営業管理職が実践すべきＯＪＴについて場面ごとに解説します。

(1) 計画作成のＯＪＴ

すでに説明したように、営業メンバーは年・月・週の単位で営業活動の計画を作成する必要があります。そこで営業管理職は、営業メンバーが作成する営業活動計画について単に確認・承認をして終わるのではなく、場合によっては計画のつくり込みについても、マンツーマンで指導する必要があります。

いつ（時期)、どこで（地域)、誰が（顧客)、何の目的で（建設動機)、何を（提案商品)、どれくらい（予算、見積金額)、どのように（営業促進方法）の、いわゆる５Ｗ２Ｈの視点で計画作成の指導を行い、何か問題があるようであれば、アドバイスを行い、その場で修正させます。

(2) 日報指導によるＯＪＴ

営業管理職は、チーム営業の一環として営業メンバーの日報を活用したミーティングにより、情報の共有化をすると同時にメンバーに対する指導も行っていきます。

日報指導は、1 営業メンバーにつき最低でも 15 分程度は費やします。15 分が長いか短いかはともかく、もし日報を見て何ら会話に発展しないようであれば、その活動は非生産的であると言えると思います。

例えば、日報の訪問目的欄にただ「あいさつ」とだけ書かれていたとしたら、営業メンバーにはどのような目的で訪問したかを問い質すようにします。このような観点からじっくり話し込めば､30 分でも 1 時間でも時間は足りなくなるはずです。

日報の最大の指導管理ポイントは、メンバーが顧客を訪問した結果をふまえて「次はどうするか」を考えさせ、指導することです。当然のことですが、商談は回を追うごとに進捗させなければなりません。そのため、日報の記載事項は、なるべく第三者が読んでも経緯がわかるレベルで書くように指導する必要があります。

(3) 同行営業によるＯＪＴ

営業メンバーに営業管理職が同行して、顧客先でどのような商談活動を行っているかを確認したり、自らやってみせて模範を示したりするのが同行営業による指導です。

若い（または営業経験の短い）営業メンバーの商談能力を見たい時は、営業管理職はなるべく顧客に対して話さずに、営業メンバーに任せ、ギリギリまで本人にやらせて様子を見ます。商談が終了し訪問先を出たところで、その場で商談上の問題点や改善点をフィードバックします。

立ち話で結構ですので、即座に行うことが大切です。これを後回しにしたり、事務所に戻ってからにしたりすると、営業管理職も営業メンバーも、商談時の印象が薄れて、的確なフィードバックができなくなる恐れがあります。

(4) 営業部門の後継者問題と人材育成

最近筆者は、建設企業の営業担当者の後継者問題について相談を受ける機会が多くあります。各社とも、営業部門の主要メンバーであるベテラン営業社員が、定年等で抜けた後の顧客との関係や人脈などを、どのようにして次世代に引き継いでいくかということが課題となっている傾向にあります。この課題は、まさに建設業におけるこれからのテーマとして、関心が持たれているところです。

営業部門は工事部門と比べて人数も限られ、年代ごとに不足なく人材がそろっていることは少なく、この次世代への承継の問題を難しくしています。

この問題に対応するため、最近ようやく各社ともに営業担当者に対する教育の機会を拡充し出している、というのが現状です。

営業の世界は、専門技術や高度な知識も必要かも知れませんが、基本はあくまでも「人間対人間」の泥臭い関係の世界です。

それだけに本人の志ひとつで、これほど面白くやりがいのある仕事は他にはないと言っても過言ではないでしょう。

営業管理職やベテラン営業社員は、自ら営業の世界に生きることの面白みを語り、若手と一緒になって営業としての充実感を分かち合い、そして次世代のメンバーに夢を託して欲しいと、心より願っているところです。

参考文献

『建設営業の企画と推進』建設営業システム研究会編著（1994年）、清文社
『建設業の営業戦略　新版』後藤哲彦著（1978年）、清文社
『必ず売れる！生産財営業の法則100』片山和也著（2007年）、同文舘出版
『事業開発マーケティング　企画提案営業のすすめ』蒲康裕著（2003年）、日本コンサルタントグループ
『チームセールスによる営業力「強化」実践法』三好康夫著（1998年）、日本コンサルタントグループ
『お客様の心理が読めるクレーム応対の基本』玉木美砂子著（2001年）、ぱる出版
『〔臨機応変!!〕クレーム対応完璧マニュアル』関根健夫著（2012年）、大和出版
『実況LIVE　マーケティング実践講座』須藤美和著（2005年）、ダイヤモンド社
『〔図解〕交渉の技術』八幡紕芦史著（2005年）、PHP研究所
『わかりやすく説明・説得する技術』小野一之著（2004年）、すばる舎
『どんな営業マンでも受注が取れる！１シート提案営業』西本雅也著（2005年）、ダイヤモンド社
『新版　営業の「聴く技術」』古淵元龍・大堀滋（2008年）、ダイヤモンド社

【著者紹介】

■酒井誠一（さかい せいいち）

株式会社日本コンサルタントグループ 建設産業研究所
建設営業・人材戦略研究室　室長　シニアコンサルタント

昭和 58 年株式会社日本コンサルタントグループに入社し、営業職や営業所長を歴任後、平成 10 年より現職。建設業の営業力強化やマーケティング戦略、人事諸制度の策定などのコンサルティングから営業担当者、管理職などの教育研修まで幅広い分野で活躍している。誠実でキメ細かいコンサルティングには定評があり、クライアントからの信頼の厚い経営コンサルタントである。建設業協会、保証会社等の講師を歴任。

〈著書〉

『社員が元気になる！建設人事読本』（共著）

建設業の営業担当者読本－受注競争に勝つための攻めの営業手法を公開

2008 年 9 月 18 日　初版第 1 刷発行
2017 年 5 月 12 日　初版第 6 刷発行
2023 年 10 月 1 日　第 2 版第 1 刷発行

著　者　酒井　誠一
発行者　清水　秀一
発行所　株式会社日本コンサルタントグループ
〒 161-0033　東京都新宿区下落合三丁目 22-15
電話(03) 3565-3729（代）FAX (03) 3953-5788（代）
振替　00130-3-73688
Sakai Seiichi 2023
ISBN 978-4-88916-515-9 C2034
［カバー・表紙・扉デザイン、イラスト（一部）］
Rococo Creative　下村　滋子
［企画］
株式会社日本コンサルタントグループ　メディアセンター
[企画協力]
同社　建設産業研究所
[編集担当]
同社　メディアセンター（田中　寛子、石川　絢子）
［印刷・製本］
日経印刷株式会社

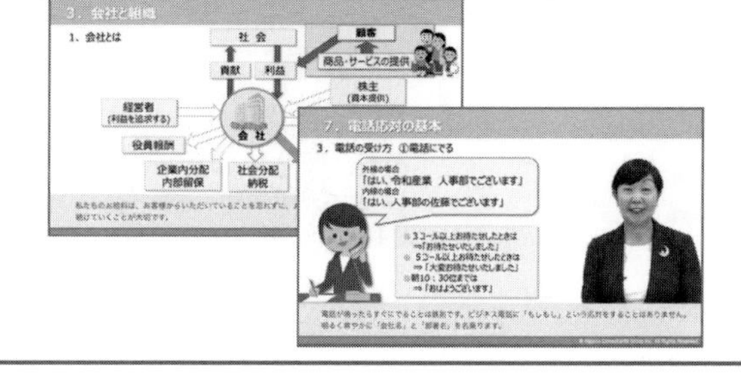

3．会社と組織
1．会社とは
社 会
顧客
商品・サービスの提供
貢献
利益
株主
経営者
役員報酬
企業内分配
内部留保
社会分配
納税
会 社
7．電話応対の基本
3．電話の受け方 ①電話にでる

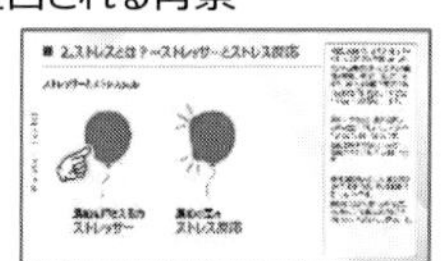

2.ストレスとは？ーストレッサーとストレス反応
ストレッサー
ストレス反応

過去
past
現在
present
未来
future

お問合せ